MÉTHODE

SIMPLE ET FACILE

POUR

LEVER LES PLANS

SUIVIE

D'UN TRAITÉ DU NIVELLEMENT, D'UN ABRÉGÉ DES RÈGLES DE LAVIS ET DES ÉLÉMENTS DE TRIGONOMÉTRIE RECTILIGNE.

AVEC QUATORZE PLANCHES DONT DIX ENLUMINÉES.

PAR F. LECOY, GÉOGRAPHE.

SIXIÈME ÉDITION,

REVUE ET AUGMENTÉE.

PARIS

CHEZ

DUMAINE, (Maison Anselin) RUE ET PASSAGE DAUPHINE, 36.

CARILIAN GŒURY, QUAI DES AUGUSTINS, 39 ET 41.

MATHIAS, QUAI MALAQUAIS, 15.

1848.

POUR 100 ...

AIRIE UNIVERSELLE

Française et Étrangère,

AGES NEUFS OU D'OCCASION, ANCIENS ET MODERNES,
TERMINÉS ET EN PUBLICATION.

s, rue de Seine-Saint-Germain, 47.

nsieur,

l'honneur de vous informer que nous avons
ison de librairie où vous pourrez vous pro-
emise ou rabais DE DIX A QUINZE POUR
es ouvrages et compléments d'ouvrages que
z, de quelque nature qu'ils soient : *français*
neufs ou *d'occasion*, *anciens* et *modernes*,
entifiques, *classiques*, *religieux*, de *droit*, de
rennes, etc., terminés ou en publication.
rs de circonstances favorables nous permet-
offrir cette forte remise que les libraires
u'à leurs confrères et non aux particuliers,
s que vous saurez en apprécier l'importance
ssant directement à nous pour tout ce dont
esoin.

ons aussi vous offrir, aux mêmes conditions
ous les articles se rattachant à la librairie,
vures, *lithographies*, *cartes géographiques*,
eterie et *reliure en tous genres* (les reliures
ont en huit ou dix jours), *fournitures de bu-*
nage, etc., etc. Enfin nous nous ferons un

MÉTHODE

SIMPLE ET FACILE

POUR

LEVER LES PLANS.

On trouve à la même Librairie :

ARNOTTNEILL. Eléments de Philosophie naturelle, renfermant un grand nombre de développements neufs, et d'applications usuelles et pratiques à l'usage des gens de lettres, des personnes les moins versées dans les mathématiques; traduits de l'anglais sur la *quatrième édition*, enrichis de notes et d'additions mathématiques, par T. Richard.

Tome 1er, 1830.—MÉCANIQUE DES SOLIDES. 5 f. 50 c.

Tome 2, 1830.—MÉCANIQUE DES FLUIDES. 7 f.

COURS DE MATHÉMATIQUES, rédigé en 1813 pour l'usage des élèves des Ecoles militaires, un fort vol. in-8, 2e édition, revue et augmentée, par M. Puissant, membre de l'Institut; Allaize, Billy, Boudrot, professeurs. 7 f. 50 c.

LAPIE (Colonel géographe). Atlas classique et universel de géographie ancienne et moderne, servant tant à l'intelligence de l'histoire et des voyages dans les différentes parties du monde, qu'à l'instruction de la jeunesse.

Cinquième édition, revue, corrigée et augmentée. 1 vol. in-folio bien cartonné. 18 f.

LESPINASSE. Traité du lavis des Plans, appliqué principalement aux reconnaissances militaires; ouvrage fondé sur les principes de l'art, qui a pour objet l'imitation de la nature, etc. Paris, 1820, 1 vol. in-8, 9 pl. enluminées. 15 f.

———Le même, fig. en noir. Paris, 1820 un vol-in 8. 5 f.

LESPINASSE. Traité de perspective linéaire, à l'usage des artistes, contenant la pratique de cette science, d'après les meilleurs auteurs; les méthodes les plus simples pour mettre toutes sortes d'objets en perspective; leur réflexion dans l'eau, etc., suivi de la Perspective des batailles. Paris, an 9, 1 vol. in-8, 29 planches. 7 f. 50 c.

PERROT. Modèles de Topographie, dessinés et lavés avec le plus grand soin, 1 vol. in-4 oblong, *troisième édition*. 18 f.

GRAY. Traité pratique de Chimie appliquée aux arts et manufactures, à l'hygiène et à l'économie domestique; traduit de l'anglais, considérablement augmenté, et mis en harmonie avec nos besoins, nos usages, ou les matières que nous pouvons employer, par T. Richard. 3 vol. in-8. et un atlas de 100 planches, ou 379 fig. Paris, 1829. 18 f.

TARIF POUR LE CUBAGE DES BOIS carrés et ronds en nouvelles et anciennes mesures, suivi d'un tarif pour le poids des fers et de tables pour les superficies, etc. Par Lecoy architecte. 3 f. 50 c.

Imprimerie de COSSE et J. DUMAINE, rue Christine, 2.

MÉTHODE

SIMPLE ET FACILE

POUR

LEVER LES PLANS

SUIVIE

D'UN TRAITÉ DU NIVELLEMENT, D'UN ABRÉGÉ DES RÈGLES DU LAVIS ET DES ÉLÉMENTS DE TRIGONOMÉTRIE RECTILIGNE.

AVEC QUATORZE PLANCHES, DONT DIX ENLUMINÉES;

PAR **F. LECOY**, GÉOGRAPHE.

SIXIÈME ÉDITION,

REVUE ET AUGMENTÉE.

PARIS

Chez MM. J. **DUMAINE**, RUE ET PASSAGE DAUPHINE, 36.
MAISON ANSELIN.

CARILIAN GŒURY, QUAI DES AUGUSTINS, 39 ET 41.

MATHIAS, QUAI MALAQUAIS, 15.

1848

AVERTISSEMENT.

L'accueil que le public a fait aux précédentes éditions de cet ouvrage me fait augurer qu'il recevra celle-ci avec la même bienveillance. L'auteur y a fait de nombreux changements et d'importantes améliorations.

Il n'est pas besoin de s'étendre sur l'utilité de cette Méthode; elle est indispensable à celui qui s'occupe de la mesure des surfaces, et qui veut se disposer à pratiquer la levée des plans. Il peut avec ce seul livre commencer et terminer son opération. La réunion des différentes parties qui le composent dispense d'avoir plusieurs traités séparés.

Le jeune géomètre pourra considérer ce livre comme un Manuel contenant tous les éléments qui lui sont nécessaires pour opérer sur le terrain, faire le rapport du plan sur le papier, mélanger ses couleurs et laver son plan; s'il s'attache à suivre dans tous leurs détails les opérations de l'auteur, il peut être certain qu'il ne sera jamais embarrassé, quelle que soit l'irrégularité du terrain.

Cependant ceux qui désireraient acquérir des connaissances plus étendues, soit en géométrie, soit dans la levée des plans et le nivellement, soit dans le lavis, auront recours aux différents Traités qu'on a eu soin d'indiquer dans le cours de l'ouvrage.

Cette édition est précédée d'un Abrégé du Système décimal applicable à l'arpentage, avec des tableaux, à la seule inspection desquels on peut voir la différence qui existe entre les mesures actuelles et les anciennes, depuis un are jusqu'à cent arpents, depuis un millimètre jusqu'à cent mètres, depuis une ligne jusqu'à neuf cents toises. Elle est terminée par un Abrégé des Eléments de Trigonométrie rectiligne, avec des exemples et des figures pour en faire l'application.

Quatorze planches, dont dix lavées avec soin, contenant un grand nombre de figures, servent d'exemples aux préceptes donnés par l'auteur dans sa Méthode.

INTRODUCTION.

ABRÉGÉ DU SYSTÈME DÉCIMAL.

APPLICABLE À L'ARPENTAGE.

Les nouvelles mesures sont uniformes dans tout le royaume.

Le mètre est l'unité fondamentale du nouveau système. Les mesures nouvelles se divisent ou se multiplient régulièrement par 10, par 100, par 1000, etc., et dans ces différents accroissements ou décroissements, elles prennent des annexes particulières, qui marquent leur rapport avec l'unité fondamentale ou génératrice.

Ainsi le mètre, multiplié par dix, devient un décamètre; par cent, un hectomètre; par mille, un kilomètre; et divisé par dix·

il devient un décimètre; par cent, un centimètre; par mille, un millimètre, etc.

Indépendamment des noms primitifs qui désignent les genres de mesures, mètre, are, etc., il y a donc des noms particuliers qui servent à désigner la place que chaque mesure occupe dans l'échelle ascendante ou descendante qui lui est propre. Ces noms sont, pour l'échelle ascendante, *déca,* qui veut dire dix; *hecto,* qui veut dire cent; *kilo,* qui veut dire mille; *myria,* qui veut dire dix mille; et pour l'échelle descendante, *déci,* qui signifie dixième; *centi,* qui signifie centième; *milli,* qui signifie millième.

DES MESURES

EN USAGE POUR L'ARPENTAGE.

Les mesures en usage pour l'arpentage et les distances itinéraires sont, pour les longueurs, le mètre, qui a 3 pieds 11 lignes $\frac{296}{1000}$ de ligne; il est la dix millionième partie du quart du méridien terrestre; le *décamètre,* qui est une chaîne de dix mètres divisée en cent parties égales : il sert à arpenter et à mesurer les grandes distances itinéraires, qui s'expriment par hectomètre, 100 mètres; kilomètre, 1000 mètres, environ le cinquième d'une lieue; myriamètre, 10000 mètres, lieue nouvelle à peu près double de l'ancienne.

Les mesures en usage, pour les superficies, sont : le *mètre carré*, un mètre de chaque côté; l'*are*, qui a un décamètre de chaque côté ou 100 mètres superficiels : il remplace l'ancienne perche dont il est environ le double; l'*hectare*, qui a dix décamètres de chaque côté ou 100 ares superficiels : il remplace l'ancien arpent dont il est environ le double.

Le mètre se divise en 10 décimètres qu'on appelle *palmes*, en 100 centimètres qu'on appelle *doigts*, en 1000 millimètres qu'on appelle *traits*.

Les chiffres décimaux se placent après les unités, dont ils sont séparés par une virgule le premier marque des dixièmes, le second marque des centièmes, le troisième marque des millièmes, etc. Ainsi, pour énoncer le nombre 242^{m},569, on dira : 242 mètres 5 dixièmes, 6 centièmes, 9 millièmes de mètre, ou 242 mètres 569 millièmes ; on peut encore dire 242569 millièmes de mètre.

Comme dans le système décimal chaque place qu'occupe un chiffre est toujours dix fois plus petite que celle qui est à sa gauche, les opérations de calcul sont de la plus grande facilité. Exemple :

De l'Addition.

Pour faire une addition de nombres entiers, suivis de décimales, il faut placer les unités et décimales du même ordre les unes sous les autres, et faire l'opération comme pour l'addition simple. Exemple :

```
273,15
 14,01
  9,99
------
297,15
```

De la Soustraction.

On doit observer la même règle pour le placement des chiffres dans la soustraction d'un entier, suivi de décimales :

```
273,15
 14,01
------
259,14
```

De la Multiplication.

Dans une multiplication, il est indifférent de placer les chiffres les uns sous les autres par rapport à la virgule ; seulement lorsque le produit est trouvé, il faut placer la virgule à gauche après autant de chiffres qu'il y en avait après la virgule, tant dans le multiplicande que dans le multiplicateur. Exemple :

```
   273,15
    1,004
---------
   109260
  2731500
---------
274,24260
```

De la Division.

Pour faire la division d'un nombre entier suivi de décimales, par un nombre entier, ou par un nombre entier suivi de décimales, il faut ajouter, à celui qui a le moins de chiffres après la virgule, autant de zéros qu'il a de chiffres de moins que l'autre, et faire la division comme celle des nombres simples. Lorsque le diviseur ne sera plus contenu dans le dividende, on placera la virgule au quotient après les chiffres trouvés, et on poussera la division, s'il y a un reste, en ajoutant un ou plusieurs zéros après ce reste ; les chiffres du quotient, après la virgule, sont des décimales. Exemple :

```
25,34 | 12.00
24,00 | 2,111
-----
 1 340
 1 200
 -----
  1 400
  1 200
  -----
   2000
   1200
   ----
Reste. . . . . . 800 que l'on peut négliger
```

On peut ajouter après les décimales tel nombre de zéros que l'on voudra, sans en changer la valeur. Ainsi, 17m 1 dixième est la même chose que 17m 10 centièmes, que 17m 100 millièmes, etc.

Le déplacement de la virgule vers la gauche diminue le nombre de 10, 100 ou 1000, suivant qu'on la porte après 1, 2 ou 3 chiffres, et au contraire il l'augmente de 10, 100 ou 1000, si on la recule vers la droite de 1, 2 ou 3 chiffres.

Nous allons donner maintenant des tables qui serviront à convertir les mesures anciennes en nouvelles, et les nouvelles en anciennes. On observe que ces tables ne sont propres qu'aux mesures de longueur et de superficie qui font l'objet de cet ouvrage.

TABLE Ire.

Réduction des Ares, Hectares, en Perches et Arpens de 18 pieds, ancienne mesure.

L'Hectare vaut 2 Arpens 92 Perches 52 dixièmes 46 millièmes, ou 94778 pieds.

Ares.	Arpens	Perches de 324 pieds.	Dixième	Hect.	Arpens	Perches de 324 pieds.	Dixième
1	»	2	9	1	2	92	5
2	»	5	9	2	5	85	0
3	»	8	8	3	8	77	5
4	»	11	7	4	11	70	0
5	»	14	6	5	14	62	4
6	»	17	6	6	17	55	0
7	»	20	5	7	20	47	5
8	»	23	4	8	23	40	0
9	»	26	3	9	26	32	5
10	»	29	3	10	29	25	0
20	»	58	5	20	58	50	0
30	»	87	8	30	87	75	0
40	1	17	0	40	117	00	0
50	1	46	3	50	146	24	7
60	1	75	5	60	175	50	0
70	2	04	8	70	204	75	0
80	2	34	0	80	234	00	0
90	2	63	3	90	263	25	0
100	2	92	5	100	292	49	0

TABLE IIe.

Réduction des Ares, Hectares en Perches et Arpens de 20 Pieds, ancienne mesure.

L'Hectare vaut 2 Arpens 36 Perches 94 dixièmes 50 millièmes, ou 94778 Pieds.

Ares.	Arpens	Perches de 400 pieds.	Dixième	Hect.	Arpens	Perches de 400 pieds.	Dixième
1	»	2	4	1	2	36	9
2	»	4	7	2	4	74	0
3	»	7	1	3	7	10	8
4	»	9	5	4	9	47	8
5	»	11	9	5	11	48	7
6	»	14	2	6	14	21	7
7	»	16	6	7	16	58	6
8	»	18	9	8	18	95	6
9	»	21	3	9	21	32	5
10	»	23	7	10	23	69	5
20	»	47	4	20	47	38	9
30	»	71	1	30	71	08	4
40	»	94	8	40	94	77	8
50	1	18	5	50	118	47	2
60	1	42	2	60	142	16	8
70	1	65	9	70	165	86	2
80	1	89	5	80	189	55	6
90	2	13	3	90	213	25	0
100	2	36	9	100	236	94	5

TABLE IIIe.

Réduction des Perches et Arpens de 22 pieds en Ares et Hectares.

Perches.	Hect.	Ares.	Cent.	Arpens.	Hect.	Ares.	Cent.
1	»	0	51	1	0	51	07
2	»	1	02	2	1	02	14
3	»	1	53	3	1	53	22
4	»	2	04	4	2	04	29
5	»	2	55	5	2	55	36
6	»	3	06	6	3	06	43
7	»	3	58	7	3	57	50
8	»	4	09	8	4	08	58
9	»	4	60	9	4	59	65
10	»	5	11	10	5	10	72
20	»	10	21	20	10	21	44
30	»	15	32	30	15	32	16
40	»	20	43	40	20	42	88
50	»	25	54	50	25	53	60
60	»	30	64	60	30	64	32
70	»	35	75	70	35	75	04
80	»	40	86	80	40	85	76
90	»	45	96	90	45	96	48
100	»	51	07	100	51	07	19

TABLE IVe.

Réduction des Ares et Hectares en Perches et Arpens de 22 pieds pour Perche.

Ares.	Arpens	Perch.	Dixième de perches.	Hect.	Arpens	Perche	Dixième de Perche
1	»	1	9	1	1	95	8
2	»	3	9	2	2	91	6
3	»	5	9	3	5	87	4
4	»	7	8	4	7	83	2
5	»	9	8	5	9	79	0
6	»	11	7	6	11	74	8
7	»	13	7	7	13	70	6
8	»	15	7	8	15	66	4
9	»	17	6	9	17	62	2
10	»	19	6	10	19	58	0
20	»	39	2	20	39	16	0
30	»	58	7	30	58	74	1
40	»	78	3	40	78	32	1
50	»	97	9	50	97	90	1
60	1	17	5	60	117	48	1
70	1	37	1	70	137	06	1
80	1	56	6	80	156	64	2
90	1	76	2	90	176	22	2
100	1	95	8	100	195	80	0

TABLE V^e.

Réduction des Ares, Hectares, en Perches et Arpens de 25 pieds, ancienne mesure.

L'Hectare vaut 1 arpent 51 Perches 64 dixièmes 48 millièmes ou 94778 pieds.

Ares.	Arpens	Perches de 625 pieds.	Dixièm	Hect.	Arpens	Perches de 625 pieds.	Dixièm
1	»	1	5	1	1	51	6
2	»	3	0	2	3	03	3
3	»	4	5	3	4	54	9
4	»	6	1	4	6	06	6
5	»	7	6	5	7	58	2
6	»	9	1	6	9	09	9
7	»	10	6	7	10	61	5
8	»	12	1	8	12	13	2
9	»	13	7	9	13	64	8
10	»	15	2	10	15	16	4
20	»	30	3	20	30	32	9
30	»	45	5	30	45	49	3
40	»	60	6	40	60	65	8
50	»	75	8	50	75	82	2
60	»	91	0	60	90	98	6
70	1	06	2	70	106	15	1
80	1	21	3	80	121	31	6
90	1	36	5	90	136	48	0
100	1	51	6	100	151	64	5

TABLE VIe

Réduction des Lignes, Pouces, Pieds, en Mètres et parties de Mètre.

Lignes.	Mètres.	Centim	Millim	Pouces.	Mètres.	Centim	Millim.
1	»	»	2	5	»	13	5
2	»	»	5	6	»	16	2
3	»	»	7	7	»	18	9
4	»	»	9	8	»	21	7
5	»	01	1	9	»	24	4
6	»	01	4	10	»	27	1
7	»	01	6	11	»	29	8
8	»	01	8	12	»	32	5
9	»	02	0				
10	»	02	3	Pieds.			
11	»	02	5				
12	»	02	7	1	»	32	5
				2	»	65	0
Pouces.				3	0	97	5
				4	1	29	9
1	»	02	7	5	1	62	4
2	»	50	4	6	1	94	9
3	»	08	1				
4	»	10	8				

TABLE VIIe.

Réduction des Toises en Mètres.

Toises.	Mètres.	Centim	Millim.	Toises.	Mètres.	Centim	Millim.
1	1	94	9	100	194	90	4
2	3	89	8	200	389	80	7
3	5	84	7	300	584	71	1
4	7	79	6	400	779	61	5
5	9	74	5	500	974	51	8
6	11	69	4	600	1169	42	2
7	13	64	3	700	1364	32	5
8	15	59	2	800	1559	22	9
9	17	54	1	900	1754	13	3
10	19	49	0	1000	1949	03	6
20	38	98	1	2000	3898	07	2
30	58	47	1	3000	5847	11	8
40	77	96	1	4000	7796	14	4
50	97	45	2	5000	9745	18	1
60	116	94	2	6000	11694	22	6
70	136	43	3	7000	13643	25	2
80	155	92	3	8000	15592	28	8
90	175	41	3	9000	17541	32	4

TABLE VIIIe.

Conversion des Mètres et subdivisions du Mètre en Toises et subdivisions de la Toise.

Millimètres.	Toises.	Pieds.	Pouces.	Lignes.	Trait ou douzième de ligne.
1	»	»	»	»	5
2	»	»	»	»	11
3	»	»	»	1	4
4	»	»	»	1	6
5	»	»	»	2	2
6	»	»	»	2	8
7	»	»	»	3	1
8	»	»	»	3	7
9	»	»	»	4	0
10	»	»	»	4	5
Centimètres.					
1	»	»	»	4	5
2	»	»	»	8	10
3	»	»	1	1	3
4	»	»	1	5	8
5	»	»	1	10	2
6	»	»	2	2	9
7	»	»	2	7	2
8	»	»	2	11	7
9	»	»	2	3	10
10	»	»	3	8	5

Suite de la Table VIIIe.

Décimètres.	Toises.	Pieds.	Pouces.	Lignes.
1	»	»	3	9
3	»	»	7	5
4	»	»	11	1
	»	1	2	9
5	»	1	6	6
6	»	1	10	2
7	»	2	1	10
8	»	2	5	7
9	»	2	9	3
Mètres.				
1	»	5	0	11
2	1	0	1	8
3	1	3	2	10
4	2	0	3	9
5	2	3	4	8
6	3	0	5	5
7	3	3	6	4
8	4	0	7	6
9	4	3	8	6
10	5	0	9	5
20	10	1	6	10
30	15	2	4	3
40	20	3	1	9
50	25	3	11	1
60	30	4	8	6
70	35	5	5	11
80	41	0	3	7
90	46	1	0	1
100	51	1	10	2

Tableau explicatif des signes en usage en Géométrie, dont on se sert dans cet ouvrage.

NOMS DES SIGNES.	SIGNES	MANIÈRE DE LES PLACER.	EXEMPLE.
Degré.	°	24°.	24°.
Minute..	′	$12'$.	$24^{\circ}.12'$.
Seconde.	″	$15''$	$24^{\circ}.\ 12'.\ 15''$.
Tierce.	‴	$30''$.	$24^{\circ}12'15''30'''$
Egal.	$=$	$12=12$ $A=B$.	$12=12$.
Plus.	$+$	$12+6$ $A+B$.	$12+6=18$.
Moins.	$-$	$12-8$ $A-B$.	$12-8=4$.
Multip. par. . .	$\times$	12×6 $A\times B$.	$12\times 6=72$.
Divisé par. . . .	—	$\frac{12}{2}$ $\frac{A}{B}$	$\frac{12}{2}=6$
Est à..	:	$12 : 4$ $A : B$.	$12:4::6:2$.
Comme.	::	$6::2$ $C :: D$.	$A:B::C:D$.
Mètre.	m.	247^{m}.	247^{m}, 50^{c}.
Centimètre.. . .	c.	50^{c}.	
Figure.	*fig.*		
Sinus.	sin.		
Tangente. . . .	tang.		
Cosinus.	cosin.		
Cotangente. . .	cot.		
Sécante.	séc.		
Cosécantes.. . .	coséc.		
Logarithmes. . .	log.		
Complément. . .	comp.		

MÉTHODE

SIMPLE ET FACILE

POUR

LEVER LES PLANS.

PREMIÈRE PARTIE.

Définition et démonstration des termes et figures de géométrie indispensables pour lever un plan.

La géométrie est une science qui a pour objet la mesure de l'étendue.

On distingue trois espèces d'étendue . la longueur, la superficie ou surface, et le solide ou corps. On peut considérer ces dimensions comme formées d'une infinité de points.

On appelle point une portion infiniment petite de l'étendue. Le point A qui se meut vers le point B décrit une ligne AB (*fig.* 1 et 2). La ligne n'a qu'une dimension qui est la longueur. Il y a deux sortes de lignes;

la droite comme AB (*fig.* 1) qui est le plus court chemin d'un point à un autre, et la courbe AB (*fig.* 2) qui se dérange à chaque point de sa direction rectiligne.

La ligne AB qui se meut décrit un plan ou une superficie ABCD (*fig.* 3). L'espace ABCD ne peut être considéré qu'en longueur et largeur.

Le plan ABCD qui se meut forme un cube ou solide, tel que ABCDEFGH (*fig.* 4). Cette figure a toutes les dimensions, longueur, largeur et épaisseur.

DES ANGLES.

Deux lignes AB et AC (*fig.* 5) qui se rencontrent en un point A, forment par leur inclinaison, une ouverture ABC qu'on appelle *angle*. Le point A se nomme *sommet* de l'angle ; les lignes AB, AC en sont les côtés.

L'angle se désigne ou par la lettre du sommet A seulement, ou par trois lettres BAC, CAB, ayant soin de mettre la lettre du sommet au milieu. Cet angle est appelé *rectiligne* (*fig.* 5), lorsque ses deux côtés sont droits ; *mixtiligne* (*fig.* 6), lorsqu'il a un côté droit et un côté courbe ; *curviligne* (*fig.* 7), lorsque les deux côtés sont courbes.

Lorsque deux lignes droites CE et DB (*fig.* 8) se coupent par un point A, elles forment, l'une à l'égard de l'autre, des angles qu'on appelle *angles de suite ;* ainsi, le point A étant l'intersection de ces deux lignes, CAB, CAD sont des angles de suite, ainsi que CAB et BAE.

On appelle *perpendiculaire* (*fig*. 9) une ligne CA qui tombe sur une autre DB, sans pencher plus du côté BA que du côté AD.

Si la droite CF (*fig*. 9) tombe perpendiculairement sur DB, les angles de suite sont égaux ; chacun d'eux se nomme *droit*. On appelle angle *aigu* celui qui est plus petit que le droit, tel que CAB (fig. 8), et on appelle *obtus* celui qui est plus grand que l'angle droit tel que DAC.

On appelle *circonférence* (*fig* 10) une ligne courbe BDFEC dont tous les points sont également éloignés d'un point milieu A qu'on nomme *centre*.

L'espace compris entre le centre et la circonférence s'appelle *cercle;* la ligne AB menée du centre à la circonférence, et qu'on peut regarder comme ayant servi à tracer cette circonférence, s'appelle *rayon*. La ligne CD, qui passe par le centre et se termine à la circonférence, s'appelle *diamètre*. La ligne EF dont les extrémités se terminent à la circonférence, sans passer par le centre, s'appelle *corde*. Le diamètre est la plus grande de toutes les cordes. Une ligne telle que GH, qui coupe la circonférence, s'appelle *sécante;* une autre ligne, telle que OQ, qui ne touche la circonférence qu'en un point, s'appelle *tangente*.

Toute circonférence, quelle qu'elle soit, se divise en 360 parties égales, que l'on appelle *degrés*; le degré en 60 minutes, la minute en 60 *secondes*, et la seconde en 60 *tierces*, ainsi de suite. (Depuis le nouveau système décimal on est convenu que la circonférence serait divisée en 400 degrés.)

On appelle *arc* de cercle (*fig.* 10) une portion de la circonférence, telle que DB; il sert de mesure à l'angle DAB.

D'après ce principe, on voit que la grandeur d'un angle ne dépend pas de la longueur de ses côtés, mais bien de leur inclinaison ou écartement.

Le diamètre CF (*fig.* 9), perpendiculaire à celui DB, partage la circonférence en quatre parties égales, CB, BF, FD et DC; d'où il suit que la circonférence étant de 360 degrés, le quart, qui est 90^d sert de mesure à l'angle droit; donc l'angle aigu a moins de 90^d, et l'angle obtus plus de 90^d.

Les deux angles de suite DAC, CAB, (*fig.* 8) pris ensemble, valent toujours deux angles droits ou 180^d; car on peut regarder le point A comme centre d'un cercle dont DB serait le diamètre, et alors ces deux angles auraient pour mesure la moitié de la circonférence ou 180^d: ils sont appelés *supplément* l'un de l'autre; ainsi CAB est le supplément de DAC, et réciproquement, parce que l'un de ces angles est ce qu'il faut ajouter à l'autre pour faire 180^{d}.

Si deux lignes droites DB et CE (*fig.* 8) se coupent, les angles CAB et DAE, qu'on appelle *angles opposés par le sommet*, sont égaux; et de même les angles CAD et EAB, aussi opposés par le sommet, sont égaux; car, d'après ce qui vient d'être dit, la somme des deux angles de suite CAB et DAC vaut deux angles droits, et de même la somme des deux angles de suite DAE et DAC vaut aussi deux angles droits; donc ces deux sommes sont égales : ôtant de part et d'autre l'angle DAC, on aura l'angle CAB égal à l'angle DAE. On prouve de même que l'angle DAC est égal à l'angle EAB.

Pour élever une perpendiculaire sur la ligne AC (*fig* 11) en un point E, on prendra d'abord AE égal à EB; ensuite des points A et B comme centre, et avec une ouverture de compas plus grande que EB ou AE, on décrira successivement, au-dessus et au-dessous de la ligne AC, deux petits arcs de cercle PQ, MO, *pq*, *mo*, qui se couperont aux points F et *f*; par ces points on mènera une ligne F*f*, cette ligne sera la perpendiculaire demandée, puisque les deux points F et *f* seront également éloignés du point A et du point B.

S'il s'agissait d'abaisser d'un point F, pris hors la ligne AB, (*fig.* 11) une perpendiculaire à cette ligne, du point F comme centre, et avec une ouverture de compas plus grande que la plus courte distance à la ligne AC, on tracera deux petits arcs qui coupent AC aux points A et B; puis de ces deux points, comme centres, et avec une ouverture de compas plus grande que la moitié de AB, on tracera deux arcs *mo*, *pq*, qui se coupent en un point *f*; par ce point, et par le point F, on tirera la ligne F *f*, qui sera perpendiculaire à AC.

Si le point par lequel on veut faire passer la perpendiculaire se trouvait à l'extrémité de la ligne AC, ou placé de manière qu'on ne pût par marquer commodément les deux points A et B, on prolongerait cette ligne suffisamment.

Deux lignes AB et CD, situées dans le même plan (*fig.* 12), sont dites *parallèles*, quand, prolongées à l'infini, elle ne peuvent jamais se rencontrer.

Pour mener une ligne parallèle à une autre, il faut élever une perpendiculaire sur la première, et en élever une autre sur cette seconde.

Lorsque deux lignes parallèles AB et CD (*fig.* 12) sont coupées par une troisième ligne EF, les angles BGE, DHE ou AGH, CHF qu'elles forment d'un même côté, avec cette ligne, sont égaux. Car les lignes AB et CD n'ayant aucune inclinaison entre elles, doivent nécessairement être également inclinées d'un même côté, chacun à l'égard de toutes lignes à laquelle on les comparera. Les angles AGH, GHD sont égaux, car on vient de voir que AGH est égal à CHF; or, CHF est égal à GHD, donc AGH est égal à GHD. Les angles BGE, GHF sont égaux; car BGE est égal à AGH. Or, on a vu que AGH est égal à CHF; donc, BGE est égal à CHF. Les angles BGH, DHG ou AGH, CHG sont suppléments l'un de l'autre; car BGH est supplément de BGE, qui est égal à DHG. Les angles BGE, DHF ou AGE, CHF sont suppléments l'un de l'autre, car DHF a pour supplément DHG, qui est égal à BGE.

DES POLYGONES.

On appelle *polygone* une figure plane, quelle qu'elle soit, régulière ou irrégulière; il ne peut avoir moins de trois côtés; alors on l'appelle *triangle; quadrilatère*, lorsqu'il en a quatre; *pentagone*, lorsqu'il en a cinq; *hexagone*, lorsqu'il en a six; *heptagone*, lorsqu'il en a sept; *octogone*, lorsqu'il en a huit; *ennéagone*, lorsqu'il en a neuf; *décagone*, lorsqu'il en a dix, etc. On peut regarder le cercle comme un polygone infinitaire.

On appelle *trapèze* un quadrilatère, tel que ABCD (*fig.* 18), qui a deux côtés parallèles, CB et AD, et un côté DB, perpendiculaire à ces deux parallèles.

DES TRIANGLES.

On distingue six espèces de triangles: trois par rapport aux côtés, et trois par rapport aux angles. Par rapport aux côtés, on appelle triangle *équilatéral* celui ABC (*fig.* 13) qui a ses trois côtés égaux; *isocèle*, celui ABC (*fig.* 14) qui a seulement deux côtés égaux; et *scalène*, celui ABC (*fig.* 15) qui a ses trois côtés inégaux. Par rapport aux angles, on appelle triangle *rectangle*, celui ABC (*fig.* 16) qui a un angle droit; *obtusangle*, celui ABC (*fig.* 15) qui a un angle obtus; et *acutangle*, celui ABC (*fig.* 13) qui a ses trois angles aigus.

On appelle, en général, bases d'un triangle le côté AC (*fig.* 13) sur lequel on imagine qu'il repose. La même dénomination a lieu dans toutes les figures planes ou solides.

On appelle aussi *base* d'un triangle le côté sur lequel on a abaissé, de l'angle opposé, une perpendiculaire, laquelle se nomme *hauteur* du triangle: ainsi DB (*fig.* 13, 14 et 15) est la hauteur de ces triangles. On peut cependant choisir le côté qu'on voudra pour base.

Les trois angles d'un triangle quelconque sont ensemble égaux à deux droits, ou à 180^d; d'où il suit que si on connaît deux angles d'un triangle, on connaîtra aussi le troisième, en retranchant la somme de ces deux angles de 180^d.

Si l'on tire la ligne EF (*fig.* 14), parallèle à AC, on aura l'angle EBA égal à l'angle BAC, et l'angle FBC égal à l'angle BCA; donc, EBA étant égal à BAC, et FBC égal à BCA, ajoutant à ces deux angles celui ABC, on aura la demi-circonférence, qui vaut 180^d.

Tout triangle quelconque ne peut avoir plus d'un angle droit, ni plus d'un obtus; mais il peut avoir ses trois angles aigus.

Lorsque l'on connaîtra dans un triangle un côté et deux angles, on connaîtra toutes les propriétés de ce triangle; et de même lorsque l'on connaîtra un angle et deux côtés, on connaîtra ce triangle. Effectivement, si vous connaissez le côté AC(*fig.* 17) de 24 mètres, l'angle A, de 48^d, et l'angle C, de 42^d, le point B, où se rencontreront les côtés AB et CD déterminera le triangle. De même, si vous connaissez l'angle C, de 42^d, le côté AC de 24 mètres, et le côté CB de 21 mètres, et que par les extrémités A et B vous tiriez la ligne AB, vous aurez le triangle ABC, dont vous connaîtrez tous les angles et tous les côtés.

Pour construire un triangle dont on connaît les trois côtés, comme celui de la figure 17, on détermine d'abord l'un des côtés, tel que AC, de 24 mètres; du point A comme centre, on décrit un arc de cercle ; *or* avec un rayon de 18 mètres, longueur du côté AB, et du point C, on décrit un autre arc *qp* avec un rayon de 21 mètres, longueur du côté CB;

l'intersection de ces deux arcs donne le point B, qui détermine tous les points du triangle.

DE LA MESURE DES SURFACES.

Tous les angles inférieurs d'un polygone quelconque font ensemble autant de fois deux angles droits, ou 180^d, qu'il y a de côtés moins deux, parce qu'un polygone est divisible en autant de triangles qu'il y a de côtés moins deux, et que comme on l'a dit plus haut, les trois angles d'un triangle valent 180^d. On voit, par exemple, que le polygone de la figure 18 a quatre côtés, et que l'on peut le diviser en deux triangles; et que celui de la figure 19, qui en a six, peut être divisé en quatre triangles.

Mesurer la surface ou l'aire d'un polygone, c'est chercher combien de fois cette surface en contient une autre regardée comme unité.

La surface dont on se sert pour en mesurer une autre, est le carré parfait, tel que ABCD (*fig.* 20) dont les quatre côtés sont égaux et les angles droits. Les côtés seront d'une longueur déterminée, telle que le mètre ou partie du mètre, ou bien la toise ou partie de la toise, suivant qu'on veut connaître combien la superficie dont on cherche la grandeur contient de mètres ou de toises carrées. Si donc on avait à mesurer la *fig.* 21, il faudrait se servir de la figure 20 qui représente l'unité, et l'appliquer d'abord le long de la ligne AD, on trouvera qu'elle y est contenue quatrefois, et ensuite sur la ligne AB, où elle est contenue six fois. En multipliant ces deux nombres l'un par l'autre, on aura 24, qui est le nombre de fois que le petit carré est contenu dans le grand. On voit par là que pour avoir la superficie d'un rectangle quelconque, il suffit de multiplier la hauteur par la base. Si l'on avait à mesurer la superficie d'un triangle, il faudrait multiplier la hauteur par la base et prendre la moitié du produit, parce que tout triangle quelconque est la moitié d'un carré de même base et de même hauteur, tel que le triangle DCB (*fig.* 22) qui a pour base DC et pour hauteur CB, qui sont aussi la base et la hauteur du carré ADCB. D'après ce principe, on pourra mesurer tout polygone quelconque, en le réduisant en triangles, comme on peut le voir à la *fig.* 19. Pour avoir la surface d'un trapèze ACBD (*fig.* 18), on multipliera la moitié de la somme des deux côtés parallèles CB et AD par le côté BD qui leur est perpendiculaire, et qui, par conséquent, est la hauteur du trapèze.

DES INSTRUMENTS.

Avec la connaissance des principes que nous venons de donner, il faut encore celle des instruments propres à opérer sur le terrain et à en rapporter la figure sur le papier.

On appelle *jalon* (*fig.* 23) un bâton d'environ 1 mètre 50 centimètres de longueur, ayant un bout propre à rentrer dans la terre, et l'autre fendu pour y mettre un morceau de papier blanc d'environ 5 centimètres carrés, qu'on nomme *mire*.

On appelle *équerre* (*fig.* 24 et 25) un instrument propre à lever le plan d'un terrain d'une médiocre étendue, comme une pièce de terre dont on voudrait connaître la superficie, sans en faire le rapport géométrique sur le papier. Il doit être au bout d'un bâton (*fig.* 24) de la longueur d'un mètre 50 centimètres, dont un bout est ferré d'une pointe d'acier, et l'autre destiné à entrer dans la douille de l'équerre.

On appelle *graphomètre* un instrument (*fig.* 26) qui sert à lever toute espèce de plans. Les géomètres le regardent comme le meilleur, à cause de sa justesse et de son expédition; c'est pourquoi nous ne nous attachons qu'à lui. Les autres instruments sont, au surplus, fondés sur les mêmes principes.

Le graphomètre est un demi-cercle de cuivre, divisé en 180^{d}, ayant une *alidade* immobile AB (*fig.* 26) et une autre DE qui tourne sur le point C, centre du cercle; elles ont à leur extrémité une *pinule* pour observer les objets; elle est représentée en grand sous le point B. Le graphomètre est aussi muni d'une petite boussole au milieu, pour orienter le plan. On le place quelquefois sur un bâton comme celui de la *fig.* 24, ou sur un pied à trois branches comme celui de la *fig.* 27 lorsqu'on est sur un terrain trop dur ou sur le pavé.

DU VERNIER.

Le vernier d'un graphomètre sert à subdiviser les degrés en minutes. Si le graphomètre est petit, on le divise ordinairement en degrés, le vernier donne alors les minutes de cinq en cinq ; mais s'il est grand, on le divise en demi-degrés pour avoir les minutes de deux en deux.

Pour ne pas multiplier les divisions du limbe du graphomètre, on a tracé sur chaque extrémité de l'alidade mobile un arc de cercle de 7^d, ayant le même centre que l'instrument. Cet arc est divisé en quinze parties égales; de sorte que chaque division vaut le quinzième de 30^d, ou 2 minutes.

La figure 33 AB représente une portion du limbe, et CD l'extrémité de l'alidade, divisée en quinze parties égales, correspondantes aux quatorze divisions du limbe; on verra que si l'on porte la première division du vernier en face la première division du graphomètre, on aura un angle de 2 minutes. Si la cinquième division correspond à la cinquième du limbe, on aura un angle de 10 minutes, et ainsi de suite; de sorte que les degrés et demi-degrés étant comptés sur le limbe, on y ajoutera les minutes comptées sur le vernier de l'alidade.

On doit avoir, pour lever un plan, une chaîne divisée en dix parties égales, et les deux dixièmes des extrémités divisés aussi en dix parties égales, ce qui donne des centièmes. On aura aussi des *fiches* de fer, longues d'un demi-mètre, comme à la *fig.* 28.

Pour rapporter sur le papier le plan fait en brouillon, on se sert d'un *compas* (*fig.* 29) à pointes changeantes; de deux *règles en équerre*, comme à la *fig.* 30; d'un *rapporteur* (*fig.* 31) fait en corne ou en cuivre, ayant environ 1 décimètre de diamètre, et gradué comme le graphomètre. L'*échelle* doit être faite sur bois ou sur cuivre (*fig.* 32) avec le plus grand soin, et divisée suivant qu'on voudra que le plan soit plus ou moins grand. Les échelles les plus usitées sont celles d'un millième pour mètre, pour les plans d'un terrain peu étendu; plus grandes pour le détail des maisons, et plus petites pour les cartes géographiques. On aura soin de ne pas oublier de mettre une échelle simple sur les plans : elle sera divisée comme la ligne AB (*fig.* 32).

LEVÉE DES PLANS.

On appelle *plan d'un terrain* sa représentation sur le papier. Pour avoir cette représentation, il faut opérer comme il suit :

Soit donnée la pièce de terre (*fig.* 34) dont on veut avoir le plan : le moyen le plus simple est de diviser le terrain en triangles rectangles et en trapèzes. A cet effet, on examinera d'abord tous les angles et toutes les sinuosités du terrain, afin de reconnaître quelle serait la base la plus avantageuse à prendre. Ayant reconnu que, dans ce cas, c'est la ligne tirée de l'angle A à l'angle B, on marquera cette ligne avec des jalons placés de distance en distance, dans l'alignement AB, et de manière qu'en appliquant l'œil contre celui placé au point A, les autres se trouvent cachés par lui. On abaissera ensuite des perpendiculaires de chacun des angles D, C, E, F, G, sur cette base, et on les marquera aussi avec des jalons; mais comme on ne connaîtra aucun des points O, L, K, I, H, où ces perpendiculaires tomberont, il faudra les déterminer.

Cette opération terminée, on dessinera grossièrement sur le papier (*fig.* 35) le terrain tel que l'œil le représentera, en ayant soin de tracer en lignes pleines les côtés du terrain; en lignes ponctuées celles qu'on forme avec des jalons. Ce dessin s'appelle *croquis* ou *brouillon*.

On mesurera ensuite sur le terrain la distance BH de 10 mètres ; on cotera cette mesure sur le brouillon, entre les points *h* et *b* qui représentent les points H et B du terrain. On mesurera également la perpendiculaire EX de 15 mètres qu'on cotera sur le brouillon entre les points *e* et *h*. On opérera de même pour chacune des lignes HI, IK, KL, LO, OA, et des perpendiculaires FI, CK, DL, OG.

Connaissant ainsi toutes les dimensions des triangles et trapèzes qui composent le terrain, on en tracera facilement le plan sur le papier, en employant le compas et le rapporteur au lieu de la chaîne et du graphomètre, ainsi qu'il suit :

On tirera au crayon une ligne indéfinie *ab* (*fig.* 36) ; on prendra sur l'échelle la première distance *bh*, de 10 mètres ; on élèvera au point *h* une perpendiculaire, sur laquelle on portera, à partir du point *h*, la distance 15^{m}00, ce qui déterminera le point *e*; on tirera du point *e* au point *b* la ligne à l'encre *eb*, alors on aura le triangle *ehb* semblable au triangle EHB (*fig.* 34). On prendra la distance 6 mètres que l'on portera du point *h* au point *i*; on élèvera à ce dernier point une perpendiculaire sur laquelle on marquera la distance 14^{m}10^{c} qui déterminera le point *f*, par lequel et par le point *b* on mènera la ligne *fb* qui donnera le triangle *fib*, semblable au triangle FIB (*fig.* 33). On portera aussi du point *i*, toujours sur la même ligne *ab*, la distance de 15 mètres qui donnera le point *k*, auquel point on élèvera une perpendiculaire de 7 mètres qui déterminera le point *c*. On aura alors le trapèze *kceh* semblable au trapèze KCEH (*fig.* 34). La même opération se fera du point *k* au point *l*; du point *l* au point *d*; du point *l* au point *o*; du point *o* au point *g*, et du point *o* au point *a*; on aura alors le polygone *adcebfg*, semblable au terrain ADCEBFG (*fig.* 34). Si l'on veut avoir la contenance de ce terrain, on agira comme il suit, d'après les cotes du brouillon (*fig.* 35).

On multipliera la première longueur BH de 10 mètres par la perpendiculaire HE de 15 mètres; on aura 150^{m}, dont on prendra moitié, ce qui fait 75^{m} pour la superficie du triangle BHE, ci. . . . . 75^{m} 00^{c}

On ajoutera la longueur BH de 10^{m}, à la longueur HI de 6^{m}, on aura 16^{m} pour la longueur de la base BI, que l'on multipliera par la perpendiculaire IF de 14^{m}10^{c}, ce qui donne 226^{m}60^{c}, dont la moitié, 112^{m}

Ci-contre.	75^{m}	00^{c}
80^{c} est la superficie du triangle BIF, ci.	112	80
On ajoutera la distance HI, qui est 6^{m}, à la distance IK de 15^{m}, ce qui donne 21$_{m}$ pour la longueur du côté HK du trapèze HKCE ; on ajoutera aussi la perpendiculaire HE de 15^{m}, à celle KC de 7^{m}, ce qui donne 22^{m}, que l'on multipliera par KH de 21^{m}, et on aura 462^{m}, dont il faut prendre moitié à cause des deux côtés KC et HE du trapèze, que l'on a ajoutés ensemble pour avoir la hauteur réduite du trapèze précité, ce qui donne pour surface du trapèze.	231	00
On opérera de même pour le trapèze KLDC, et on aura 54^{m} 30^{c}, ci.	54	30
De même pour le trapèze OIFG, qui donne 406^{m} 08^{c}, ci.	406	08
De même que ci-dessus pour le triangle DLA, ce qui donne 78^{m} 26^{c}, ci.	78	26
	957	44

Ci-contre. . . .	957m 44c
Et enfin, de même pour le triangle AOG, qui donne 29m 40c, ci.	29 40
TOTAL pour la superficie de la fig. 33, 986m 84c, ci. .	986m 84c.

Pour lever le plan d'une petite propriété composée de plusieurs pièces de terre et autres détails, comme maisons, jardins, rivières, etc., examen fait du terrain, il faudra disposer un nombre suffisant de lignes pour en faire le tour intérieurement ou extérieurement, comme, par exemple, les lignes AB, BC, CD, DE et EA de la figure 42, que l'on va considérer comme un terrain à lever. On la considérera aussi comme le rapport géométrique de ce même terrain, en supposant toutes les lignes ponctuées au crayon, et devant disparaître (le rapport terminé ainsi que toutes les cotes, qui ne sont ici que pour indiquer la manière de les placer sur le croquis fait sur le terrain.

On figurera sur le croquis les lignes ponctuées et pleines autant approchées de la vérité que faire se pourra; on ajoutera aussi sur ce croquis le nom des pièces de terre, si elles en portent, et celui des rivières, chemins, maisons, etc., afin de les marquer sur le rapport, si les propriétaires ou les cas l'exigent.

Ayant ainsi disposé les cinq lignes précitées, avec des jalons bien plautés dans leurs alignements respectifs, on prendra, avec le graphomètre, l'ouverture de l'angle A, qui est de 105ᵈ, que l'on cotera sur la minute, comme il est indiqué au point A. On prendra de même l'ouverture de l'angle B, qui est de 95ᵈ, que l'on cotera sur la minute, comme il est indiqué au point B. La même opération se fera pour l'angle C de 92ᵈ, pour l'angle D de 108ᵈ, et enfin pour l'angle E de 140ᵈ. Tous les degrés cotés sur le croquis doivent être écrits entre les côtés de chacun des angles auxquels ils appartiennent. On comptera le nombre des lignes du polygone, et, d'après le principe donné que tous les angles d'un polygone valent ensemble autant de fois 180ᵈ qu'il y a de côtés moins deux, on trouvera que celui dont il s'agit ayant cinq côtés, ses angles intérieurs doivent valoir trois fois 180ᵈ ou 540ᵈ. Il faudra donc que la somme des angles A, B, C, D et E soit égale à 540ᵈ. Si ces deux sommes n'étaient pas semblables, on aurait la preuve que les ouvertures d'angles ont été mal prises sur le terrain, ou que le graphomètre dont on s'est servi n'est pas juste, ce qui obligera de recommencer l'opération. Ce travail préliminaire étant fait, on levera le détail ainsi qu'il suit : on mesurera, sur le prolongement de la ligne AB, la distance du point A au point *m* de 1 mètre, que l'on cotera sur le croquis, entre le point A et le point *m*. On mesurera sur la même ligne la distance du point A au point F de 1 mètre 30 cent., que l'on cotera sur le croquis entre le point A et le point F ; on élèvera, à ce dernier point, une perpendiculaire sur laquelle on mesurera la distance F*a*, de 1 mètre 95 cent., que l'on cotera sur le croquis, en travers, entre le point F et le point *a*. On fera de même du point F au point *b*. On mesurera la distance du point A au point G de 2 mètres 80 cent., que l'on cotera sur le croquis, comme ici, entre le point F et le point G. On élevera une perpendiculaire à ce dernier point, et on mesurera les distances G*b* de 1 mètre 60 cent. et G*a* de 1 mètre 60 cent., que l'on cotera de la même manière que ci-dessus. On mesurera la distance du point A au point H de 4 mètres. On élèvera une perpendiculaire à ce dernier point et on opérera comme sur la dernière perpendiculaire, en ayant toujours soin de coter ces mesures comme il a été dit plus haut. On mesurera la distance du point A au point I, qui est sur le bord du fossé CO, on aura 5 mètres 50 cent. On mesurera la longueur de ce fossé du point I au point O de 1 mètre 10 cent. On mesurera ensuite la distance HK de 5 mètres 80 cent., et la perpendiculaire KG de 2 mètres 20 cent., au moyen de laquelle on aura le bord de la rivière et l'extrémité C du fossé CO. On continuera de mesurer les distances du point A aux points L, M, N, ainsi que la longueur de chacune des perpendiculaires élevées aux points L et M. On mesurera aussi la longueur de la haie *ac*, ainsi que l'angle MN*a*, pour connaître la direction de la ligne *ac*. On mesurera ensuite la distance du point A au point B, celle du point B au point *f*, sur le prolongement de la ligne AB, pour avoir le bord de la rivière, et enfin celle du point B au point *e*, pour avoir le bord opposé. Cette première base étant ainsi mesurée, on passera à la seconde BC, en opérant d'après les mêmes principes, tant pour mesurer les distances que pour les coter dans le même ordre, ce qui est essentiel, pour ne pas se tromper en faisant le rapport. On agira de même pour les bases CD, DE et EA.

Pour avoir les points intérieurs du plan, comme celui R, par exemple, on mesurera du point connu S la distance SR de 7 mètres 30 cent.; du point Q, aussi connu, on mesurera la distance QR de 7 mètres 70 cent. Dans le rapport sur le papier, pour avoir le point R, il suffira de prendre sur l'échelle une ouverture de compas de 7 mètres 30 c., avec laquelle, et du point S, comme centre, on décrira l'arc *mn*, et de même, avec une ouverture de 7 mètres 70 cent., du point Q comme centre, on décrira l'arc *pc*; le point où ses deux arcs se couperont sera le point R. La même opération sera faite pour avoir le point P. Pour déterminer sur le rapport géométrique les autres points, tels que T et U, on mesurera sur le terrain la distance ST de 4 mètres 50 cent.; on prendra cette distance sur l'échelle, et on la portera de S en T, ce qui déterminera le point T; par ce point et par le point Y, on tirera une ligne TY; on mesurera ensuite sur le terrain la distance TU de 4 mètres 10 cent., on prendra cette distance sur l'échelle, et on la portera de T en U sur la ligne TY; on connaîtra par ce moyen le point U.

Si une ligne, telle que VR, n'était pas droite, on tracerait une ligne droite d'une extrémité à l'autre et sur cette ligne droite, on éleverait des perpendiculaires à toutes les sinuosités, comme il a été démontré sur la ligne AB.

L'opération faite sur le terrain et bien disposée sur le brouillon, comme à la figure 42, on en fera le rapport sur telle échelle qu'on voudra; cette échelle doit être divisée comme celle indiquée à la figure 32. La diagonale CD donne les dixièmes d'unités; on ne parle point des centièmes, parce qu'ils sont imperceptibles dans le rapport, à moins qu'on ne se serve d'une échelle très grande ; alors la division qui donne les dixièmes donnera les centièmes, et celle qui donne les unités donnera les dixièmes, etc. L'échelle étant déterminée, on opérera sur le papier comme sur le terrain, en se servant, au lieu du graphomètre, d'un rapporteur. Sur une ligne indéfinie *me* (*fig.* 42), on marquera à volonté le point A, sur lequel on placera le rapporteur pour avoir l'ouverture d'angle de 105^d, formée par les lignes AE et AB; on prendra sur l'échelle la distance AB de 14 mètres 50 cent. ; on placera le rapporteur au point B, pour avoir l'ouverture d'angle formée par les lignes AB et CB; la même opération se fera aux points C, D et E. Les distances cotées sur la minute seront prises sur l'échelle avec le compas qui fait ici l'office de la chaîne sur le terrain.

Les lignes ponctuées sur le rapport qui sert aussi de croquis, devront être au crayon, et disparaître, le rapport terminé. Les lignes servant de démarcation aux différentes propriétés seront mises à l'encre.

Si l'on voulait avoir la contenance de chaque pièce de terre, on les diviserait en triangles, comme celle N° 13. On pourrait établir, en marge du plan, par ordre de numéro, le nom, la nature et la contenance de chaque partie de ce plan.

OBSERVATIONS.

Il faut orienter le plan sur le terrain avec la boussole du graphomètre, afin de disposer le rapport géométrique, comme il est d'usage, le nord dans le haut de la feuille du papier.

Pour y parvenir, il faut placer le graphomètre à boussole au point B (*fig.* 34) et diriger l'alidade immobile, qui est parallèle à la ligne du nord de la boussole, sur le côté BE, en ayant soin que le point de la boussole marqué du mot *Nord*, soit vers le point E. On observera alors de combien de degrés l'aiguille de la boussole est éloignée de la ligne du nord ou du point zéro; c'est-à-dire quel angle elle forme avec le rayon visuel de l'alidade immobile. On trouvera 41[d] que l'on aura soin de marquer sur le brouillon. Le plan étant rapporté, il sera facile d'avoir la ligne du nord, en prenant, avec le rapporteur, sur la ligne BE, une ouverture d'angle de 41[d]. Il existe une variation dans l'aiguille aimantée, ainsi qu'une déclinaison; mais comme elle varie suivant les lieux, on néglige cette variation. La déclinaison est d'environt 22[d] ouest, qu'il faut ajouter à 41[d] pour avoir le vrai nord, ou la méridienne du lieu, ce qui fait 63° entre la ligne BE et la ligne nord.

Il faut avoir l'attention, en mesurant une

ligne dans les cotes, de tenir la chaîne parallèle à l'horizon, sans quoi on n'aurait pas le plan vrai du terrain, les lignes ne pouvant plus se raccorder avec celles faites en plaine; la ligne AD (*fig.* 34) indique la manière d'opérer : ayant placé un bout de la chaîne sur le sommet D de la cote, on élève l'autre extrémité *a* de niveau avec le point D, et de cette extrémité *a*, on laisse tomber la fiche qui marque le point *e*; on place un bout de la chaîne à ce dernier point, et l'autre bout au point *b* de niveau avec le point *e*: on laisse encore tomber la fiche au point *c*, et l'on continue d'opérer de même du point *c* au point *d*, du point *d* au point *g*, du point *g* au point *h* et du point *h* au point A; ce qui donne les lignes *Da*, *eb*, *cd* et *gh*, égales en somme à la base AL, qui est la ligne vraie du plan.

On aura soin de marquer sur le rapport toutes les séparations des propriétés adjacentes à celle sur laquelle on opère, ainsi que la nature du terrain et le nom des propriétaires à qui elles appartiennent.

On aura soin aussi de marquer les fossés par deux lignes porallèles, et d'y mettre de la couleur d'eau, si les fossés dépendent de la propriété qu'on lève, tels que V*m* ou VR (*fig.* 42). S'ils ne dépendent pas de la propriété qu'on lève, il faut les laisser en blanc, comme celui *ae*, au champ N° 11. On observera que, pour distinguer à qui appartient la haie qui borne une propriété, on doit la planter du côté d'où elle dépend, comme celle de la ligne TS, qui indique qu'elle appartient au N° 14 : mais celle ZX qui est *extrà,* c'est-à-dire dehors, annonce qu'elle dépend de la propriété adjacente. On aura soin aussi de ne colorier que celles dépendantes de la propriété levée.

Lorsqu'il y aura haie et fossé, comme à la ligne VX et V*m*, on plantera la haie sur le bord du fossé, du côté de la propriété dont elle dépend. Les fossés, en général, dépendent de la même propriété que la haie.

Le plan de la planche 5 se lève par les mêmes principes que celui de la planche 4.

OBSERVATIONS.

Aujourd'hui on emploie un nouveau procédé pour lever des plans ; il est simple et facile et en même temps très juste, on le nomme *lever par sous-tendante;* il repose sur le principe de la connaissance des trois côtés d'un triangle dont on connaît la longueur des côtés, voyez page 10, ligne 3e.

Nous pouvons l'appliquer ici pour exemple à la figure 39, planche 3e. Vous mesurez la sous-tendante, ou ligne AC, puis CD et DA, vous avez alors les trois côtés du triangle ACD, vous mesurez le côté AE, la sous-tendante EC. Vous connaissez AC dont vous avez les 3 côtés du triangle ACD. Vous continuez de mesurer CL, CB et BL, vous avez les trois côtés du triangle BCL. Pour le triangle CEL, vous n'avez plus qu'à mesurer EL, ce qui vous donne les trois côtés du triangle CEL. Enfin, connaissant la sous-tendante EL, mesurez EF et FL, vous connaîtrez les trois côtés du triangle EFL, de sorte que vous avez décomposé le polygone, fig. 39, en cinq triangles, dont le rapport se fera comme je l'ai dit à la page 10, ligne 3e.

DU PLAN D'UNE VILLE.

Pour lever le plan d'une ville, d'un village ou d'un bourg, on se sert toujours de la même méthode, en entourant chaque massif de maison d'un polygone.

Il y a deux manières de lever le plan d'une ville. La première s'emploie lorsque l'on veut avoir le plan des rues, pour en faire la carte générale; la seconde, lorsqu'il s'agit d'un projet de route ou du redressement d'une rue, ou enfin pour le cadastre qui exige le détail de chaque propriété.

La droite de la ligne AB (*planche* 6) va servir d'exemple pour la première manière. On n'entrera plus dans les détails du croquis ni du rapport, la marche ayant été donnée à la planche 4; on donnera seulement la manière d'opérer sur le terrain.

La ligne AB étant tracée, on mesurera la perpendiculaire abaissée du point *a* au point A, premier angle de la rue, ainsi que la distance du point A au point C, où tombe la perpendiculaire abaissée du point C au point *e* et du point C au point *e*, second angle de la rue; on mesurera cette perpendiculaire, ce qui fera connaître l'alignement *ca* de la rue.

On mesurera de même la distance du point A au point E et la perpendiculaire E*i*, pour avoir le second alignement *ei* de la rue. On choisira alors un point F, duquel on puisse avoir facilement l'extrémité G de la rue FG. On mesurera la distance de ce point F au point A : on tracera ensuite, au moyen du graphomètre, placé au point F, une ligne FG qui servira de base pour lever la rue FG. Ayant placé le graphomètre au point G, on mènera une autre ligne GH, qui rencontrera la ligne AB au point H, ce qui renfermera le massif de maisons (*fig.* 44) entre les lignes FG, GH et HF, sur lesquelles on opérera pour avoir les angles des rues, comme on a fait du point A au point F. La même marche sera suivie pour les autres massifs et rues, en ayant soin de faire toutes les lignes les unes sur les autres et de calculer toutes les ouvertures d'angles, comme il a été indiqué à la figure 38.

Pour la seconde manière de lever le plan d'une ville, il faut agir, comme nous allons le démontrer, à gauche de la ligne AB (*planche* 6). On va voir qu'il faut alors lever très exactement le détail des différentes propriétés, marquer les séparations de chaque maison, jardin, mur, haie, etc., afin de voir, d'après le plan, ce que l'on prendrait de chaque propriété, pour en accorder l'indemnité, s'il y a lieu.

On mesurera d'abord du point A au point *y*, du point A au point D, du point D au point *o* et du point *o* au point *g*; on connaîtra alors l'emplacement du mur *gy*. On mesurera aussi du point D au point *f*, du point D au point S, et on aura la longueur *of* de la maison (*fig.* 46) et le côté du mur *fS* : on mesurera ensuite, à partir du point A, la distance AF. On placera le graphomètre au point F pour diriger la ligne FK qui forme avec la ligne AH, une ouverture d'angle de 94^{d} : sur la ligne FK, en partant du point F, on mesurera la distance FP et la perpendiculaire *b*P, abaissée de l'angle *b*, ce qui déterminera la façade de la maison (*fig.* 46). Du point F on mesurera jusqu'au point Q, où la perpendiculaire RQ, abaissée de l'angle R, rencontre la ligne FK : on mesurera aussi cette perpendiculaire, et l'on aura l'angle du mur SR.

Ayant ainsi levé le plan extérieur de la

fig. 46, il suffira, pour en avoir les autres détails, de mesurer les distances *fn*, *nm*, *mp*, *pd*, *dh*, et *hb*. On opérera de même pour la figure 47, ainsi que pour toutes les autres propriétés du plan, à gauche de la ligne AB, qui sont toutes détaillées.

DES BATIMENTS.

Pour lever le plan d'un bâtiment (*planche* 7, *figures* 48, 49, 50, 51, 52, 53, 54 et 55), on examinera d'abord si les angles des murs, tant intérieurs qu'extérieurs, sont droits comme ils le sont ordinairement. On commencera alors à mesurer, par exemple, la porte de la pièce (*fig.* 48) du point *a* au point *b*, pour avoir sa largeur ; du point *b* au point *e*, pour la largeur du seuil ; du point *e* au point *n*, pour la largeur de la feuillure ; du point *b* au point *o*, pour la largeur totale du mur ; et du point *o* au point *m*, pour avoir l'évasement de la porte. Du point *m* on mesurera jusqu'au point *c* ; de ce point au point *d*, ce qui donne la largeur totale de la chambre ; et de même du point *d* au point *f* ; du point *f* au point *g* ; du point *g* au point *h* ; du point *h* au point *i*, pour avoir la profondeur de la cheminée ; du point *h* au point *l*, pour connaître sa largeur ; du point *l* au point *p* ; du point *p* au point *q* ; du point *q* au point *r*; du point *r* au point *s*, ce qui donne la largeur de l'écoinçon ; du point *s* au point *u*, pour l'évasement de la croisée ; du point *u* au point *v*, pour avoir la profondeur de son embrasure ; du point *v* au point *t*, pour la largeur de la feuillure ; du point *v* au point *x*, pour l'épaisseur de l'appui ; du point *x* au point *y*, pour avoir la largeur totale du vide de la croisée ; et du point *x* au point *z*, pour connaître l'angle extérieur de la maison ; de m me pour les autres portes et croisées de toutes les pièces de ce bâtiment.

On aura soin de marquer aussi, comme à la figure 50, l'escalier, les murs de refend, tels que CD (*fig*. 52) et enfin tout ce qui pourrait faire partie de la bâtisse.

DES RIVIÈRES.

Si l'on avait à lever le plan d'une rivière un peu large, ou d'un fleuve, il faudrait pour cela former une chaîne de triangles, comme à la figure 56, et opérer comme il suit. On prendra sur le terrain une base telle que AB ; du point A on mènera un rayon visuel sur l'autre bord de la rivière, au point C, qu'on suppose un objet remarquable ou un jalon planté exprès : il en est de même de tous les points qu'on mire. A une distance connue du point A au point E, par exemple, on mènera un rayon visuel au point C ; du même point E on mènera un rayon visuel sur l'autre bord de la rivière, au point D, et à une distance connue, telle que AB; on mènera un autre rayon visuel du point B au point D, ce qui forme plusieurs triangles, dont on peut connaître tous les angles et au moins un côté. En mesurant la ligne AB, on aura soin de mener des perpendiculaires à toutes les sinuosités de la rive droite. (On entend par rive droite d'une rivière le côté droit, en partant de sa source, pour aller vers son embouchure). On opérera de même sur la ligne CD pour avoir les sinuosités de la rive gauche, on aura soin aussi de marquer toutes les séparations des propriétés adjacentes, ainsi que les maisons, moulins, rivières, ruisseaux, rochers, chemins, îles, et enfin tout ce qui se trouve de remarquable sur le bord.

Les îles qui se trouvent dans une rivière doivent être marquées très-exactement, et levées séparément, après y avoir fait passer une ligne pour avoir sa position géométrique, comme celle OI (*fig.* 6).

DES PLANS TOPOGRAPHIQUES.

Si l'on veut faire le plan topographique d'un lieu, il ne s'agit plus de détailler les propriétés particulières, mais seulement les chemins, ruisseaux, rivières, étangs, prairies, vignes, bois, landes, montagnes, carrières, maisons et rochers, afin d'en pouvoir faire la description topographique, le plan sous les yeux. Si cette levée de plan embrassait une étendue plus grande que le territoire d'un département, on la considérerait alors comme carte géographique (nous en traiterons à la quatrième partie de cet ouvrage). Mais si ce plan ne comprend, par exemple, que le territoire d'une portion de commune, comme celui de la planche 8, on suivra la même méthode qu'à la planche 4; seulement, au lieu d'un polygone qui embrasse le terrain, on en fera plusieurs contigus, et disposés de manière que l'un enveloppe la forêt A, l'autre l'étang B, l'autre le bourg C, l'autre le canton de vigne D, etc.

DES POINTS INACCESSIBLES.

Si l'on avait à trouver la distance du point A au point C (*fig.* 57), sans passer la rivière, on placerait le graphomètre au point A, et l'on dirigerait un rayon visuel sur le point B, pour former une base AB que l'on mesurera avec soin. Du point A, ayant placé l'une des pinules sur la ligne AB, on dirigera l'autre sur le point C, et l'on aura une ouverture d'angle de 73^d. On transportera le graphomètre au point B, et l'une de ses pinules étant dirigée vers le point A, et l'autre sur le point C, l'on aura une ouverture d'angle de 33[d] ; on connaîtra alors la base AB du triangle ABC, et les deux angles A et B, ce qui suffit pour déterminer le point cherché C.

Si l'on voulait encore connaître la distance du point C au point D, sans passer la rivière, il faudrait alors opérer pour le point D comme on fait pour le point C., en se servant de la même base AB; le rapport donnera les deux triangles ACB et ADB, qui ont la même base, et dont les sommets C et D détermineront la distance des points C au point D sur le terrain.

Si l'on était sans instrument pour faire les opérations précédentes, on se servirait de la méthode suivante (*fig.* 58) : Ayant à trouver le point C, on formera une ligne AB à volonté, de huit mètres, par exemple. Du point A on dirigera vers le point C une ligne qui se terminera à la rivière ; on mesurera sur cette ligne une longueur quelconque, d'un mètre 50 centimètres, que l'on marquera au point F ; on mesurera la même distance sur la ligne AB, ce qui donne le point O ; on mesurera enfin du point O au point F, ce qui donne un mètre 30 centimètres ; et l'on aura alors le triangle AOF dont on connaît les trois côtés. La même opération sera faite au point B, et le rapport fait, le point où se rencontreront les prolongements des côtés AF et BG sera le point C cherché.

Pour avoir la hauteur d'une chose inaccessible, comme d'une tour (*fig.* 59), on mettra le graphomètre verticalement, de manière que le point A soit à la même distance de terre que le point B, où le rayon visuel de l'alidade immobile rencontre la tour. On placera l'autre alidade FG, formant une ouverture d'angle de 45^d ; on s'avancera ou on s'éloignera de la tour jusqu'à ce que le rayon visuel GF rencontre l'extrémité de la tour au point D. On placera dans le prolongement de la ligne DF, une remarque sur la terre au point O, ce qui donnera le triangle ODC dont on connaît l'angle droit C de 90^d , l'angle O de 45^d , l'angle D aussi de 45^d , et et le côté OC de 6 mètres 10 centimètres, qui doit être égal à la hauteur de la tour, puisque les angles O et D sont égaux et ont un côté DO commun.

Si l'on ne pouvait approcher de la tour, on formerait une base sur le terrain, telle que SO que l'on mesurerait avec soin ; alors on prendra l'ouverture de l'angle O, ainsi que de l'angle S, et on connaîtra deux angles et un côté du triangle ODS, et par conséquent le point D d'où l'on abaissera une perpendiculaire DC sur le prolongement de la ligne SO ; le point C où elles se rencontreront déterminera la hauteur de la tour.

Si l'on ne voulait avoir que partie de la hauteur de la tour, comme du point N au point D, il faudrait mener, de la même base OS, deux autres rayons visuels, l'un du point O au point F, et l'autre du point S au point N, ce qui donnera par le rapport, comme à la *fig.* 57, la distance ND.

Pour faire les opérations précédentes, on aura soin de placer le diamètre du graphomètre horizontalement par le moyen d'un plomb suspendu, et dont le fil s'applique directement sur les 90^{d}. Nous traiterons cet article d'une manière plus précise à la quatrième Partie.

DES PARTAGES.

Pour diviser un triangle, il faut partager l'un des côtés en autant de parties égales que l'on voudra avoir de triangles, et mener, de chacun des points de division, une ligne au sommet de l'angle opposé à la ligne divisée.

EXEMPLE.

Soit donné le triangle ABC (*fig.* 37) à diviser en trois parties égales ; il faut diviser la ligne AB en trois parties égales AD, DO et OB, et tirer du point D au point C la ligne DC, on aura le triangle ADC égal ou tiers du triangle ABC, ce qui est facile à concevoir, puisqu'il a la même hauteur CF, et une base AD trois fois plus petite que celle AB. On opérera de même du point O au point C, ou du point D au point E, en divisant la ligne CB en deux parties égales.

Pour trouver un point, dans le triangle ABC (*fig.* 16) au moyen duquel on puisse diviser ce triangle en trois parties égales, il faut d'abord prendre le tiers B *e* de la ligne BC, et celui A *n* de la ligne AC, mener par les deux points *en* la droite *en* qui sera parallèle à AB, et diviser ensuite cette ligne *en* en deux parties égales, le point milieu O sera le point cherché. On mènera de ce point O des lignes à tous les angles du triangle, et on aura trois petits triangles dont chacun sera égal au tiers du grand triangle ABC.

Si l'on avait à partager un triangle ABC (*fig.* 37) entre cinq héritiers, de manière que deux eussent chacun un quart, et les trois autres un sixième, on n'aurait qu'à diviser la base AB du triangle en deux parties égales, et l'une de ces parties en deux autres parties égales, ce qui donnerait la part des deux premiers. Pour avoir celle des trois autres, on diviserait la moitié restante en trois parties égales.

Pour partager un polygone en autant de parties qu'on voudra, il faut d'abord en connaître la superficie, la mettre en rapport avec le nombre des portions à faire, et en faire la division sur le terrain.

EXEMPLE.

Soit donnée la figure ABCDEF (*fig.* 38) à partager en trois parties égales ; connaissant la superficie, qui est de 120 mètres, on sait que la part de chaque partageant est de 40 mètres. On mesurera un des côtés de la figure, tel que CD, que l'on partagera en trois parties égales DO, OP et PC; on mesurera ensuite la ligne OF, ainsi que la superficie OFED, qui est de 36 mètres carrés : il reste donc encore 4 mètres à ajouter à cette superficie pour avoir le tiers. Pour y parvenir sachant que la ligne OF a 8 mètres, on prendra 1 mètre sur la ligne FA, de F en Q, on aura le triangle FOQ de 4 mètres carrés qui complètent le premier tiers. On opérera de même pour la partie ABCP, en faisant varier le point A : le reste RQOP formera la troisième portion.

Si l'on avait à partager le terrain (*fig.* 34) entre deux héritiers, dont l'un dût avoir le quart et l'autre les trois quarts, comme cette pièce de terre contient 1010 mètres 64 cent., on aura, pour le quart, 252 mètres 66 cent. On mesurera la ligne DV, qui a 26 mètres de longueur et la perpendiculaire LA de 13 mètres 20 cent., ce qui donne, étant multipliés l'un par l'autre, 343 mètres 20 cent., dont moitié, 171 mètres 60 cent., pour la superficie du triangle AVD : on multipliera aussi la base du triangle AGV par sa hauteur, et on prendra moitié du produit ; ce qui fait 80 mètres 6 cent., qu'on ajoutera avec 171 mètres 60 cent., pour avoir la superficie totale du trapèze DAGV, qui est 251 mètres 66 cent. Il faut donc encore ajouter un mètre carré à ce trapèze pour former le quart cherché de 252 mètres 66 cent., ce qui se fera en faisant varier le point V vers le point F de 38 cent. Le reste sera la portion de l'autre partageant.

AUTRE EXEMPLE.

Si l'on avait à arpenter et diviser en coupes réglées le bois de la figure 39, il faudrait d'abord en faire le plan et le reporter sur le papier, puis le diviser en cinq triangles *a b c d e* ; savoir :

Triangle *a*, base 216 mètres, hauteur, 62 mètres, fait 13,392 mètres, ci. . . 13,392^{m}.

Triangle *b*, base 310^{m}, hauteur 140^{m}, ci. . . . . 43,400^{m}.

Triangle *c*, base 200^{m}, hauteur 62^{m}, ci. . . . . 12,400^{m}.

69,192^{m}.

Ci-contre. . . .	69,192^{m}.
Triangle *d*, base 358^{m}, hauteur 117^{m}, ci.	41,886^{m}.
Triangle *e*, base 138^{m}, hauteur 40^{m}, ci.	5,520^{m}.
Somme. . .	116,598^{m}.
Prendre moitié du tout, fait. .	58,299^{m}.

ou 5 hectares 82 ares 99 centiares.

Il faut maintenant diviser ce bois en cinq coupes égales, ce qui donne pour chaque lot 11,660 mètres, ou 1 hectare 16 ares 60 cent.

Pour faire le premier lot, je porte du point A sur la ligne AE, avec le compas, 96 mètres, qui donne le point O; on élèvera à ce point une perpendiculaire bien exacte, qui donne le point I. On voit ici à l'œil que ce lot fait à peu près le cinquième du tout, et forme un polygone AOIBCD. Il faut le diviser en 4 triangles, en chercher la contenance, qui est de 11,047 mètres, il faut donc encore 613 mètres, pour faire 11,660 mètres, montant du cinquième que l'on cherche. La ligne OI a 185 mètres, en la reportant à gauche des deux bouts de mètres 3 décimètres, on aura 185 mètres, par 3 mètres 3 décimètres, donne 610 mètres $\frac{1}{2}$, qui, ajoutés à 11,047 mètres, déjà trouvés, fait 11,657 mètres $\frac{1}{2}$, qui ne diffèrent que de deux mètres $\frac{1}{2}$ de 11,660 mètres, ce que l'on peut négliger.

Le deuxième lot est facile à faire, car on a la ligne connue OI de 185 mètres, il ne faut plus que chercher le nombre, qui, multiplié par 185, donne 11,660, le nombre 63 est celui qui en approche le plus, que l'on portera avec le compas, du point O au point G, et de même à l'autre bout.

Les troisième et quatrième lots se feront de la même manière, le reste formera le cinquième lot.

DU CUBAGE.

On appelle cube, solide ou corps, une chose qui a trois dimensions, comme une pierre, une pièce de bois ou une butte de terre; la pierre, figure 40, a trois dimensions; 1° la longueur AB ou CD, de 3 mètres; 2° la largeur CA ou BD, de 2 mètres; 3° l'épaisseur CE, qui est d'un mètre; pour avoir le nombre de mètres cubes contenu dans cette pierre, il faut multiplier la longueur, par la largeur, deux fois trois font six, puis le produit six par un mètre, qui est la hauteur ou épaisseur, fait six mètres cubes que contient la pierre : on voit que cette pierre partagée en six, donnerait 6 morceaux d'un mètre sur chaque face. Si cette pierre avai deux mètres d'épaisseur, on dirait: deux fois

6 font douze, elle donnerait alors 12 morceaux, de chacun un mètre cube.

La figure 41 représente une pièce de bois ayant sur chaque face un pied, elle a six pieds de longuenr, donc elle cube six pieds, puisqu'en le coupant en six longueurs, chaque morceau aurait un pied sur chaque face. Si la pièce de bois n'avait que six pouces d'équarrissage, ou un demi-pied, c'est comme si on avait coupé la pièce en quatre sur la longueur, chaque morceau aurait six pieds de longueur sur un demi-pied d'équarrissage, le quart de six est un pied et demi, ou un pied six pouces pour chaque morceau.

TRAITÉ

DU

NIVELLEMENT.

DEUXIÈME PARTIE

Nous avons développé dans la première partie de cet ouvrage tout ce qui tient à la pratique de la levée des plans; mais comme il est souvent utile d'avoir quelques connaissances du nivellement, nous allons donner les moyens de pratique les plus nécessaires et les plus simples pour les nivellements qui, ne présentant pas de grandes difficultés, peuvent être faits sans le secours des ingénieurs.

Niveler un terrain, c'est chercher de combien un point de ce terrain est plus haut ou plus bas qu'un autre, ou le rapport qu'il y a entre plusieurs points, relativement à une ligne de niveau. Cette ligne de niveau peut être conçue comme une perpendiculaire à notre zénith (1), ou comme une parallèle à l'horizon, c'est ce que nous donne l'eau en repos dans un bassin ou dans un vase.

On se sert ordinairement, pour niveler, d'un instrument qu'on appelle *Niveau* (*fig.* 73, planche XI), composé d'un tube de fer-blanc AB, d'environ 1 mètre 40 cent. de longueur, recourbé à angle droit aux extrémités, de 5 à 6 centimètres : aux deux bouts dudit tube on en ajuste deux autres en verre, EC et ID de 18 à 20 centimètres de longueur. Il se pose sur un bâton d'arpenteur, comme le graphomètre : on l'emplit d'eau jusqu'à deux doigts du bord. Les points F et G, où l'eau est en contact avec l'air, forment une ligne FG de niveau, qui se prolonge à l'infini, et sert pour opérer les nivellements, comme les lignes des jalons pour lever les sinuosités d'une rivière. Il est bon de mêler un peu d'encre ou de vin dans l'eau que contient le niveau, afin que l'œil aperçoive plus facilement les points F et G. Il est aussi nécessaire, pour faire un nivellement, d'avoir une mire composée de deux fortes règles *ab*

(1) Nous définirons ici le *zénith* par une perpendiculaire, à l'horizon du point où nous sommes, et passant par le centre de la terre.

et *cd* (*fig.* 73); elles doivent être divisées en mètres et parties de mètre, ou en toises et parties de toise. On adapte, au bout de la plus petite de ces deux règles, un carton *efgh*, d'environ un décimètre carré, blanc d'un côté et noir de l'autre. Le côté blanc paraît mieux quand il couvre quelque point de la terre, et le côté noir se détache davantage sur le fond bleu du ciel. Ce carton doit être juste au bout de la règle, et ne pas la dépasser,

PREMIER EXEMPLF.

Si l'on avait à trouver la différence de niveau entre le point I et le point M (*fig.* 73), ou autrement la pente qu'il y a du point M au point I, on examinerait d'abord si ces deux points ne sont pas trop éloignés l'un de l'autre, pour que d'un point N, à peu près milieu, on puisse les voir facilement. Il n'est pas nécessaire que le niveau soit dans la ligne IM, puisqu'il tourne sur le point O, et qu'après l'avoir dirigé sur le point M, on peut le diriger sur le point I, sans que la ligne de niveau change de plan. Ayant placé le niveau au point N, on fera dresser au point I la grande règle, sur laquelle on appliquera la petite, de manière qu'elle soit bien verticale. Alors celui qui opère portera l'œil au point G, à environ trois pas en arrière, et sur le côté du niveau, de façon que le point G se confonde avec le point F. Il fera hausser ou baisser la mire jusqu'à ce que le côté *ch* se trouve dans le prolongement de la ligne GF.

On convient, à cet effet, de signaux avec le porte-mire, ou quelqu'autre que ce soit, comme, par exemple, de hausser ou baisser le chapeau, et de présenter le dedans de la forme où sera un papier blanc, lorsqu'on veut avoir le côté blanc de la mire.

Lorsque la mire sera arrivée au point fixe, on en préviendra le porte-mire par un mouvement horizontal, avec la main ou le chapeau. Cet homme vous apportera alors la hauteur indiquée sur la règle, depuis l'extrémité de la mire au point H, jusqu'au point I. Je suppose cette longueur de 1 mètre 70 cent. Le porte-mire se transportera ensuite au point M, pour y faire la même manœuvre qu'au point I, et celui qui opère placera l'œil en arrière du point F, pour déterminer le goint L, élevé au-dessus du point M de un mêtre 20 centimètres. Cette opération finie, on retranchera la plus petite cote de la plus grande, c'est-à-dire, un mètre 20 centimètres de 1 mètre 70; la différence 50 centimètres sera la pente du point M au point I. Si on voulait avoir la pente par partie, on mesurerait la distance du point H au point L qui est, par exemple, de 50 mètres, ceci démontre que la pente est d'un centimètre par mètre.

DEUXIÈME EXEMPLE.

Si l'on avait plusieurs points à niveler, tous visibles du point O (*fig.* 74, on placerait le niveau à ce point, et les manœuvres indiquées au point I de la figure 79, on déterminerait la hauteur FA qui est de 2 mètres 60 cent. : on déterminerait aussi la hauteur DB de 2 mètres, et enfin celle GC de 2 mètres 30 cent. En comparant entre elles ces hauteurs, on trouverait que le point D est plus élevé que le point F de 60 cent. ; que le point G n'est élevé au-dessus de ce même point F que de 30 cent., qui est la pente du point G au point F, et que le point D est au-dessus du point G de 30 cent. Si donc on avait à faire couler une source du point G vers le point F, il faudrait creuser le terrain au point D de 30 cent., différence de hauteur du point D au point G, plus de 15 cent. moitié de la pente totale, en supposant toutefois que le point D est à égale distance du point F et du point G, c'est-à-dire, que AB égale BC ; car si la distance du point D au point G n'était, par exemple, que le tiers de celle AC, on n'aurait à creuser au point D que de 30 cent., plus 10 cent., tiers de la pente totale. On voit que, pour établir cette pente, il faudrait déblayer tout le triangle

FDG dans la largeur qu'on désirerait avoir.

TROISIÈME EXEMPLE.

Si le terrain était très inégal, quoique dans un petit espace, on serait obligé de donner un coup de niveau à chaque concavité et convexité, comme on le voit à la figure 75, aux points A, B, C, D et E. Dans cette opération de plusieurs points à niveler, on doit figurer le terrain sur le papier, à peu près comme il est, et l'on tire au-dessus une ligne ponctuée qui représente une ligne de niveau, de laquelle on abaisse des perpendiculaires à chaque point à niveler, ce qui indique le lieu du coup de niveau. La cote se place en travers, à gauche de la perpendiculaire, comme on le voit aux figures 73, 74, etc.; la distance entre chaque coup de niveau se cote sur la ligne de niveau entre les deux perpendiculaires, comme à la figure 75, entre le point N et le point O, entre le point O et le point P, etc.

Le point E de la figure 75 étant plus élevé que le point A, pour avoir une pente égale entre ces deux points, on sera obligé, vu l'inégalité du terrain, de faire le rapport de l'opération. On se servira pour cela d'une échelle semblable à celle faite pour la levée des plans, et l'on opérera ainsi qu'on va le démontrer. On tirera d'abord une ligne au crayon qui représentera la ligne de niveau telle que celle NS (*fig.* 75); ensuite on abaissera une perpendiculaire du point N, sur laquelle on portera la hauteur 60 centimètres qui donne le point A. On portera aussi, sur la ligne de niveau, la distance 61 mètres, pour avoir le point O, duquel point on abaissera une perpendiculaire de 50 cent., qui donnera le point B. On prendra sur la ligne de niveau la distance 70 mètres, ce qui marquera le point P, duquel on abaissera une perpendiculaire de 80 cent. Pour avoir le point C, on prendra toujours sur la ligne de niveau la distance PQ de 50 mètres; on abaissera de ce dernier point une perpendiculaire de 20 cent., ce qui donnera le point D. On mesurera enfin la distance QS de 79 mètres, duquel dernier point on abaissera une perpendiculaire de 40 cent., qui donnera le point E. Tous ces points étant trouvés, pour avoir la figure du terrain, il ne s'agira plus que de tirer les lignes pleines AB, BC, CD et DE.

La ligne lavée en terre d'ombre (*fig.* 75) indique le terrain naturel, celle en rouge, la ligne de pente uniforme du point E au point A. On voit par l'inspection de la figure que, pour exécuter cette pente, il faudrait déblayer le triangle FBE en profondeur et dans la largeur que l'on voudrait avoir la pente, et de même pour celui ABV. Au contraire, il faudrait remblayer le triangle VCF dans toute sa hauteur et sa largeur. La ligne en jaune AG représente le terrain mis de niveau dans toute sa longueur, le point A étant à 60 cent. de la ligne de niveau, tous les autres points du terrain devront être mis à la même distance, c'est-à-dire, qu'il faudra creuser au point E de 20 cent., au point D de 40 cent., et au contraire, élever le point C de 20 cent., et enfin, creuser au point B de 10 cent.

QUATRIÈME EXEMPLE.

Si la pente du terrain à niveler était trop considérable, ou trop éloignée d'une extrémité à l'autre, on serait obligé de changer le niveau à plusieurs reprises. Nous allons donner la manière d'opérer à chaque changement, qu'on appelle ordinairement *station*. Soit, par exemple, le terrain CDGN (*fig.* 76), à niveler : on posera d'abord le niveau dans la pente CD, de manière que l'on ne puisse donner au point C un coup de niveau de 1 mètre 10 cent., un autre au point D de 3 mètres 20 cent., et un autre au point G de 1 mètre 30 cent. ; comme on l'a déjà dit, toutes les cotes devront être placées à gauche de la ligne perpendiculaire. La ligne de niveau AF venant à se confondre dans le terrain au point I, elle ne peut servir à trouver le point N, qui est au-dessus; on sera donc obligé de transporter le niveau dans la pente NG, ce qui change de plan la ligne de niveau; mais comme toutes ces lignes sont toujours parallèles, il ne s'agit que de prendre la différence qu'il y a entre elles, ce qui se fait en donnant un second coup de niveau au point G, qui est de 3 mètres. Retranchant la première cote 1 mètre 30 c. de 3 mètres on aura la différence 1 mètre 70 cent., qui est celle des deux lignes de niveau. Le dernier coup de niveau sur le point G s'appelle coup arrière; il se cote toujours à droite de la perpendiculaire, et ce, afin de ne pas le confondre avec les coups en avant. On donnera aussi un coup de niveau au point N, de 1 mètre 10 cent., ce qui termine l'opération; mais si ce nivellement était plus long, et qu'il fallût encore changer le niveau, on donnerait toujours un coup arrière sur le dernier point de la ligne précédente. Enfin, ce nivellement étant terminé, on ajoutera toutes les cotes à gauche ensemble, et toutes celles à droite aussi ensemble : on retranchera le plus petit nombre du plus grand; la différence donnera la pente du premier au dernier point. Lorsqu'on dit qu'il faut ajouter ensemble les cotes à gauche et les cotes à droite, on ne doit entendre que celles qui sont à chaque point de changement de niveau.

Le rapport de cette opération se fait comme celui de la précédente figure ; seulement la ligne de niveau doit changer comme sur le terrain ; et, si l'on voulait se servir de la même ligne pour le rapport, il faudrait à chaque cote ajouter, par exemple, 6 mètres dont on retrancherait à chaque changement la différence du niveau.

Dans un dessin de nivellement, le terrain naturel doit être lavé en terre d'ombre, comme on le voit à la figure 75 ; le terrain à déblayer en jaune, et celui à remblayer en rouge.

Dans les opérations que nous venons d'indiquer, nous n'avons point eu égard à la différence qui existe entre le niveau apparent et le niveau vrai. Nous avons supposé les espaces à niveler assez petits, pour que cette différence, presque insensible, puisse être négligée ; c'est ce que l'on pourra faire toutes les fois que l'espace à niveler n'excédera pas 600 mètres. Mais s'il était d'une plus grande étendue, on tomberait dans des erreurs considérables, en ne tenant pas compte de cette différence ; c'est pourquoi nous avons cru devoir joindre à ce Traité un tableau des différences du niveau vrai au niveau apparent, calculées depuis 100 jusqu'à 4000 mètres

Pour donner une idée du principe de cette différence, nous allons définir ce qu'on entend par niveau vrai et niveau apparent. Le niveau vrai peut être représenté par une circonférence, puisque tous les points de niveau sont également éloignés du centre de la terre. Le niveau apparent est, comme nous l'avons dit, une perpendiculaire à notre zénith, ou une tangente à la circonférence de la terre. Il suit donc de ces définitions que le niveau apparent s'écarte du niveau vrai comme une tangente s'éloigne de la circonférence.

Par rapport à la terre, une ligne de 200 mètres dans le niveau apparent semblerait encore se confondre avec une ligne qui serait dans le niveau vrai; mais à des distances plus considérables, elle différerait à peu près suivant le tableau ci-contre.

TABLEAU

D'élévation du Niveau apparent au-dessus du Niveau vrai

DISTANCES.	Décim.	Centim.	m. mill.	10m. mill.
100 mèt.	0	0	0	7
200.	0	0	3	1
300.	0	0	7	0
400.	0	1	2	5
500.	0	1	9	6
600.	0	2	8	2
700.	0	3	8	4
800.	0	5	0	2
900.	0	6	3	5
1000 ou 1 kil.	0	7	8	4
1100.	0	9	4	9
1200.	1	1	3	0
1300.	1	3	2	6
1400.	1	5	3	8
1500.	1	7	6	6
1600.	2	0	0	9
1700.	2	2	6	8
1800.	2	5	4	3
1900.	2	8	3	3
2000.	3	1	3	9
2500.	4	9	0	5
3000.	7	0	6	4
3500.	9	6	1	5
4000.	1 m. 2	5	5	8

On voit donc, d'après ce tableau, que pour avoir un cours d'eau d'environ deux décimètres de pente par kilomètre, il faudra baisser au-dessous du niveau apparent de 0m 784mm.

Nous n'entrerons pas dans de plus longs détails sur l'art du nivellement. Les opérations plus compliquées exigent des connaissances mathématiques, autres que celles données dans cet ouvrage. Si l'on voulait approfondir cet art, il faudrait d'abord savoir toute la géométrie, et ensuite étudier l'Art de niveler de M. Picard, ou le Traité du Nivellement par M. Lefebvre.

ABRÉGÉ
DU DESSIN
ET
DU LAVIS DES PLANS.

TROISIÈME PARTIE.

DES INSTRUMENTS PROPRES AU LAVIS.

Pour laver un plan, il faut être muni de six à huit pinceaux de différentes grosseurs assemblés deux à deux, comme ceux (*fig.* 66 et 67). Les plus gros ne surpasseront pas ceux de la figure 67, et les plus petits ne seront pas moindres que ceux de la figure 66. Les pinceaux destinés au vert-d'eau ne doivent pas servir pour d'autres couleurs, à cause de la causticité du vert-de-gris qui ternit les couleurs; on doit aussi éviter de les porter à la bouche, le vert-de-gris étant un poison.

On aura une demi-douzaine de petits godets, à peu près de la figure et grandeur de celui (*fig.* 65); ils servent à délayer les couleurs; ce qui se fait en frottant le bâton dans le godet avec quelques gouttes d'eau, jusqu'à ce que la couleur soit à la densité convenable. On doit avoir encore un double vase plein d'eau propre de la forme de celui (*fig.* 64); un des côtés servira pour laver les pinceaux, et l'autre B pour éclaircir les teintes.

On se sert ordinairement de plumes de corbeaux, de bouts d'ailes, pour mettre un plan à l'encre, ou d'un tire-ligne.

DES COULEURS.

Les couleurs dont on se sert pour laver un plan sont: *L'encre de la Chine* pour mettre le trait. La figure 69 marque la grandeur ordinaire d'un bâton de 3 fr. Lorsqu'elle est bonne, elle doit avoir un ton roussâtre.

Le carmin, ou la laque carminée, sert pour laver le plan des bâtiments et des murs. Le bâton (*fig.* 72) se vend 75 c.

Le bleu de Prusse (*fig.* 70) se vend le même prix, on s'en sert pour laver le pavé et les toits.

Le bistre, ou brun rouge (*fig.* 71), se vend aussi 75 centimes. On s'en sert pour laver les fonds de terre et les côtés.

Le jaune, ou gomme gutte. La plus belle se vend par morceaux informes; on en a un morceau pour 50 à 60 centimes; elle sert à mettre les teintes de fond des bois.

Le vert-d'eau se vend liquide. Pour être beau, il doit approcher du bleu, comme celui de la figure 64, côté B On ne peut guère en avoir pour moins d'un franc; il sert à laver les ruisseaux, étangs et rivières.

DU MÉLANGE DES COULEURS.

Le rouge et le jaune font une couleur de bois pour laver tout ce qui est charpente ou menuiserie.

Le jaune et le bleu font un vert propre à planter les prés.

Le rouge et le bleu font un très beau violet.

Le vert-d'eau et la gomme-gutte font un vert gai; il sert pour les teintes de fond des prés, et lorsqu'il a été quelques jours à l'air, pour pocher les arbres.

Le noir et le bleu font un gris propre à laver tout ce qui est ardoise ou fer.

Le bleu et le vert-d'eau font une teinte propre à laver tout ce qui est de verre.

DE LA MISE A L'ENCRE.

Lorsqu'on a fait le rapport au crayon d'un plan quelconque, il faut mettre à l'encre de la Chine tous les côtés de chaque pièce de terre, et planter les haies de la même manière que celle du côté VR (*fig.* 42, *planche* 4).

Les bois seront plantés de même que les haies, mais par touffes, comme celui G de la planche 5. Les bois-futaies pourront être plantés en élévation, comme celui H de la planche 5.

Les rivières se mettront à l'encre, comme celle n° 5, planche 4, et les ruisseaux tracés d'après une petite échelle par un seul trait, comme ceux de la planche 8.

Les arbres en plan se marquent par un petit rond, comme ceux de la route PQ, planche 5, et en élévation, comme ceux de la même planche qui sont sur le bord du ruisseau OO et du verger L.

Les chemins et les routes se mettent à l'encre de la Chine, comme celui PQ, planche 5.

Le plan des bâtiments se met à l'encre rouge, ainsi que les murs, comme il est indiqué à la planche 6; mais quand il est fait sur une grande échelle, pour avoir l'intérieur détaillé, il se met au trait à l'encre de la Chine, comme à la planche 7.

Dans un plan quelconque, tous les côtés opposés au jour doivent, après que le plan est lavé, avoir un trait de force, pour donner du relief à la figure, comme on le voit au bâtiment de la planche 7, et à la rivière, figure 56, même planche.

DU LAVIS

Lorsqu'on aura mis un plan à l'encre, comme celui de la planche 4, il faudra le laver pour désigner, par les différentes couleurs adoptées, la nature du sol. Toutes les terres labourables et jardins se lavent avec une teinte pâle de bistre, comme aux n°s 4, 8, 11, 13, 14, 15 et 16 de la planche 4.

Les bois se lavent d'une teinte de fond jaune, avec un peu de vert d'eau, comme le n° 9, même planche.

Les prés se lavent d'une teinte pâle de vert gai, comme ceux des n°s 6 et 7.

Les landes, terres incultes et friches, se lavent d'une teinte pâle de verre d'eau avec un peu de jaune, comme au n° 12.

Les rivières se lavent au verre d'eau, adouci vers le milieu, comme celle du n° 5 de la planche 4.

Les plans des bâtiments se lavent en rouge,

comme ceux nos 1 et 2 de la planche 4.

Un plan sur une petite échelle se lave ordinairement comme celui de la planche 5, quoique ce ne soit pas de rigueur. Les terres labourables se lavent avec une teinte pâle de bistre. On laboure ensuite par dessus, avec de la gomme gutte, les champs ensemencés en froment ou en seigle, comme ceux marqués C, planche 5. Les autres pièces de terre ensemencées se labourent en vert, comme celle marquée D de la même planche. Les terres en repos se labourent au bistre, comme celles marquées B. Ce labour se fait avec le pinceau chargé d'une teinte un peu forte, et de manière à ce que les points qui représentent le dessus du sillon soient plus forts d'un bout que de l'autre. La ligne pleine, qui représente la raie séparant les deux sillons, doit aussi finir en mourant. On a ordinairement soin que les pièces de terre qui se touchent ne soient pas labourées dans le même sens.

Les vignes se lavent d'une teinte pâle de bistre, ensuite on y plante de petits échalas, avec du bistre très épais, et autour de ces échalas, on met un peu de vert foncé, pour indiquer le cep de la vigne, comme on le voit à la pièce A, planche 5.

Après avoir lavé les prés avec une teinte pâle de vert gai, on les plante avec la plume, en vert foncé, comme il est indiqué à la pièce

E, planche 5, ou avec de l'encre de la Chine pâle.

On lave les bois d'une teinte de jaune, on remplit ensuite les parties qui marquent le le feuillage de vert gai très-épais, c'est ce qu'on appelle *pocher*. Les arbres ou les haies doivent être aussi pochés, comme ceux de la planche 5 et 8, en observant de laisser vers la gauche, d'où vient le jour, un peu de blanc, pour y mettre du jaune qui représente la lumière du soleil sur les arbres.

Les rivières et étangs, après avoir été lavés d'une teinte de fond, se dessinent au pinceau, avec du vert-d'eau très épais, de manière à imiter le fil de l'eau, comme on le voit à la planche 5, lettre O, à la planche 7, figure 56, et à l'étang B, planche 8. On aura soin d'indiquer le cours de l'eau par une flèche dont la pointe suit le courant, comme celle de la figure 56.

Les jardins se lavent comme les terres labourables; on laisse les allées en blanc, ainsi que les cours.

Le pavé d'une ville se lave d'une teinte de bleu pâle, mêlée d'un peu d'encre de la Chine, comme on le voit aux rues de la planche 6.

L'épaisseur des murs, des bâtiments, tels que celui de la planche 7, se lave en rouge quand c'est un projet de bâtisse, en jaune quand c'est à démolir, et en noir si l'édifice doit rester tel qu'il est.

Les côtes se lavent avec une teinte de bistre adoucie vers le vallon, et mise à plusieurs reprises, comme on le voit à la côte S, planche 5.

Les rochers se lavent à l'encre de la Chine et au bleu, comme ceux marqués V, planche 8.

Les carrières se lavent avec du bistre et de l'encre de la Chine, comme celles marquées O planche 8.

Si l'on avait quelques façades de maisons à laver, après les avoir mises à l'encre, comme celles (*fig*. 62 et 63), on les lavera d'une teinte de badigeon composée de jaune et de bistre. Les arrière-corps, comme celui marqué V, seront lavés d'une teinte pâle d'encre de la Chine pour les éloigner par rapport à l'avant-corps G. La pente des toits se marque par une teinte d'encre de la Chine posée sur le sommet et adoucie vers les extrémités. On y ajoutera ensuite une teinte de bleu, si le bâtiment est couvert d'ardoises, ou une teinte de rouge, s'il est couvert en tuiles.

Pour marquer les points cardinaux d'un plan, on se sert d'une rose des vents, comme celle qui est à la planche 5; elle se lave à l'encre de la Chine ou en couleurs.

DES OMBRES.

Les ombres, dans un dessin quelconque, sont généralement regardées comme produites par le soleil, à neuf heures du matin ou à trois heures après-midi, c'est-à-dire à 45^{d} d'élévation au-dessus de l'horizon. On suppose ordinairement que la lumière vient de la gauche, comme à la figure 63, planche 10, dont le point S peut être regardé comme le soleil, et la ligne SV comme son rayon qui est incliné, par rapport à la ligne PO horizontale, de 45^{d}.

Dans un plan tel que celui de la planche 4, il n'y a que les bâtiments qui soient susceptibles d'être ombrés comme les n°s 1 et 2. Dans le plan de la planche 5, tous les bois, arbres et haies, doivent être ombrés à l'encre de la Chine et au bistre. A la planche 6, tous les bâtiments doivent être ombrés en rouge, comme il a été dit plus haut. Les massifs de maisons auront une teinte rouge sur les bords, adoucie vers le milieu comme à la figure 44. Les objets ronds, comme la tour (*fig.* 59), doivent être ombrés à l'encre de la Chine, de manière que le côté droit soit tout-à-fait privé de lumière, et que le point le plus éclairé soit au tiers vers la gauche, et le point le plus noir au tiers vers la droite. Les bâtiments, comme ceux de la planche 10, seront aussi ombrés à l'encre de la Chine; les croisées seront remplies de noir pâle, et la moitié qui se trouve du côté du jour, d'une ou deux teintes de plus. A la figure 60, l'avant-corps G, qui saille de la largeur de deux croisées, doit porter une ombre de cette même largeur sur l'arrière-corps, comme on le voit de G en V.

Comme la science des ombres est très-étendue, on pourra, si l'on veut être plus amplement instruit, consulter le *Traité* de Dupin l'aîné.

RÉDUCTION DES PLANS.

Pour réduire ou augmenter un plan, on se sert ordinairement d'un pantographe. On trouve, avec cet instrument, une instruction qui indique la manière de s'en servir; mais comme il est fort cher, et que tout le monde ne peut pas se le procurer, nous allons donner la manière de réduire sans le secours de cet instrument.

Soit, par exemple, le plan (*fig.* 61) à réduire au quart de sa superficie. On l'enveloppera d'abord dans un carré parfait, que l'on subdivisera en autant de plus petits carrés que l'on voudra mettre d'exactitude dans la réduction. On formera un autre carré (*fig.* 60) ayant en superficie le quart du précédent. On divisera ce second carré en autant de petits carrés qu'on en aura formé dans le premier : on marquera ensuite, dans chacun de ces petits carrés correspondants à ceux du premier carré, les points *abc*, etc. à une distance des côtés de leurs carrés respectifs, égale à la moitié de celle existante entre les points ABC, etc., et les côtés de leurs carrés ; c'est-à-dire que, dans le petit carré *vxyz*, la distance du point *e* au côté *xy*, sera la moitié de celle du point E au côté XY, dans le carré VXYZ. Enfin, par les point *abc*, etc., ainsi déterminés, on mènera les lignes *ab*, *bc*, etc., et on aura le plan *ab*, *cd*, etc,, (*fig*. 60) semblable au plan ABC, etc., (*fig*. 61) mais quatre fois plus petit en superficie. Si, au contraire, il s'agissait d'augmenter la figure 60 de quatre fois sa superficie, on ferait la même opération d'une manière inverse.

POUR COPIER UN PLAN.

La meilleure manière de copier un plan et la plus expéditive, est de le piquer. On placera d'abord une feuille de papier, ou des feuilles, si l'on veut avoir plusieurs copies, sous le plan à copier, qu'on fixera avec des épingles aux quatre coins. Ensuite on piquera (avec une aiguille dont on enfoncera la tête dans un morceau de cire à cacheter, pour qu'elle ne blesse pas les doigts) tous les angles et toutes les sinuosités de chaque partie du plan, en ayant soin de tenir l'aiguille bien perpendiculaire, à l'aide des points qui seront marqués sur la feuille blanche, et dont on cherchera d'abord les plus remarquables ; on tracera le plan tel qu'il sera sur l'original. Si l'un des points était perdu ou oublié, il faudrait le déterminer par l'intersection de deux arcs décrits de deux points connus. On peut aussi les calquer à la vitre.

DE LA COLLE A BOUCHE.

On se sert ordinairement de colle à bouche pour réunir ensemble deux ou plusieurs feuilles de papier, selon la grandeur du plan. Il faut avoir soin de bien préparer les deux bords qui doivent être collés ensemble ; à cet effet, on les coupe avec la pointe d'un canif, de la moitié de l'épaisseur du papier, et à environ trois millimètres du bord ; ensuite on déchire ces bords, l'un en dessous, l'autre en dessus, et on les colle ensemble, en recouvrant d'environ 5 millimètres. La colle, pour être employée, doit être humectée avec la salive jusqu'à ce qu'elle soit gluante ; alors on frotte le bord de la feuille de papier qui est au-dessus, sur une longueur d'environ 5 centimètres ; on couvre cette petite partie d'un morceau de papier propre, et l'on frotte la partie collée fortement avec l'ongle.

DU PAPIER A LAVER.

Le papier le plus propre au lavis, en général, est celui qui a le plus de corps ; celui de Hollande l'emporte sur tous les autres. Plus il est vieux, meilleur il est. On doit le préférer d'un blanc de lait.

ABRÉGÉ

DE LA

TRIGONOMÉTRIE

RECTILIGNE.

QUATRIÈME PARTIE.

La Trigonométrie est l'art de mesurer un angle ou un côté d'un triangle rectiligne, lorsque, de six choses qui composent ce triangle (angles et côtés), l'on en connaît trois, excepté lorsque l'on ne connaît que les trois angles.

Ainsi, pour trouver un côté, il faut, outre les angles, connaître l'un des deux autres côtés, ou bien connaître les deux autres côtés et un angle; et pour trouver un angle, il faut connaître les trois côtés, ou seulement deux côtés et un angle.

On se sert, pour calculer les angles et les

lignes, de tables destinées à cet usage, qu'on appelle *Tables de sinus*. Celles des logarithmes pour les sinus et tangentes de toutes les minutes du quart de cercle, et pour tous les nombres naturels depuis 1 jusqu'à 10,000, par M. Lalande, petit format, sont les plus commodes pour les arpenteurs ; on y trouve une exposition abrégée de l'usage de ces Tables et de la manière de s'en servir.

Définitions.

On appelle *corde* à l'égard d'un arc, la ligne droite qui joint les deux extrémités de cet arc. Ainsi, l'on voit que la corde de l'arc ADB et de l'arc AGB (*fig.* 77), est la droite AB : d'où il suit qu'une corde appartient à deux arcs, qui, pris ensemble, font la circonférence ou 360^{d}.

La corde AE, à l'égard de la corde AB, s'appelle *corde du complément.*

On appelle *sinus*, à l'égard d'un arc ou d'un angle que cet arc mesure, la moitié de la corde d'un arc double, c'est-à-dire que le sinus de l'arc AD, dont le centre est C, ou de son angle ACD, est AF moitié de la corde AB de l'arc double ADB ; la même ligne AF est aussi le sinus de l'arc AEG moitié de l'arc double AGB. D'où l'on voit que le sinus appartient à deux arcs ou à deux angles, qui, pris ensemble, valent 180^{d} : il en est de même de la tangente et de la sécante dont la définition suit.

Si par l'extrémité B du diamètre EB, on tire la perpendiculaire BH, terminée en H par la ligne CH, qui n'est autre chose que le rayon CL prolongé, on aura la ligne BH qui touche le cercle en B, qu'on appelle *tangente* à l'égard de l'arc correspondant LB, et la ligne CH, qui coupe la circonférence au point L, se nomme *sécante* du même arc.

Il y a aussi le sinus du complément d'un arc ou de son angle, ainsi que la tangente et la sécante du complément, parce que, pour complément à l'égard d'un arc ou d'un angle, on entend le reste de cet arc ou de cet angle à 90^d, quand il est moindre qu'un quart de cercle, ou de quoi il surpasse 90^d, quand il est plus grand qu'un quart de cercle. Ainsi l'on voit que l'arc LK est le complément de l'arc LB, qui est moindre que le quart de cercle BK de tout l'arc LK, et que le même arc LK est aussi le complément de l'arc EL, qui surpasse le quart de cercle EK de tout l'arc LK.

Le sinus du quart de cercle EK se nomme *rayon*, parce qu'il lui est égal; on l'appelle aussi *sinus total*, parce qu'il est le plus grand de tous. C'est de ce sinus total que dépend la quantité des autres sinus, des tangentes et des sécantes; et c'est à cause de cela qu'on a divisé ce sinus en 10,000,000 de parties égales, d'après lesquelles on a supputé la quanté de sinus, des tangentes et des sécantes de tous les degrés du quart de cercle, de minute en minute, dont on a fait les tables qui servent à la résolution des triangles rectilignes.

Le sinus d'un arc est la moitié de la corde d'un arc double, d'où il suit que le sinus de 30ᵈ vaut la moitié du rayon.

La tangente de 45ᵈ est égale au rayon, ainsi que la cotangente. A mesure que le sinus augmente, le cosinus diminue; le sinus de 90ᵈ est égal au rayon, et la cotangente est zéro. Si la tangente augmente, la cotangente diminue. L'angle étant de 90ᵈ, la cotangente est zéro; la tangente infinie, lorsqu'un angle passe 90ᵈ. Son sinus diminue et son cosinus augmente à mesure que l'angle augmente. Le sinus de 180 est zéro, et le cosinus égale au rayon le sinus, le cosinus, la tangente et la cotangente d'un angle plus grand que 90ᵈ, est le même que celui de son supplément.

Ces notions supposées, si l'on conçoit le quart de la circonférence *bf* (*fig.* 79) divisé en 90 parties égales ou degrés, et que de chaque point de division on abaisse des perpendiculaires ou sinus, tels que *ap*, sur le rayon *bc*, et que le rayon soit divisé, par exemple, en 1,000 parties égales, chaque perpendiculaire contiendra un certain nombre de ces parties du rayon, il est visible que ces lignes peuvent être employées pour fixer la grandeur des angles ; en sorte qu'ayant écrit par ordre, dans une colonne, les 90^d du quart de cercle, depuis 1 jusqu'à 90, et que l'on écrive aussi dans une colonne, à côté et vis-à-vis le nombre de parties de la perpendiculaire correspondante, comme on l'a fait ci-contre, on pourra, par ce moyen, assigner quel est le nombre de degrés d'un angle dont le nombre de parties de la perpendiculaire ou sinus serait connue ; et réciproquement, connaissant le nombre des degrés de l'angle, assigner le nombre des parties de son sinus. Cette table a cette utilité, non-seulement pour tous les arcs ou angles dont le rayon a le même nombre de parties qu'on en a supposé celui d'après lequel on a construit la table ci-contre, mais encore pour tout autre dont le rayon est connu ; par exemple, supposons un angle *dcg*, dont le côté, ou rayon *cd*, soit de 1,400 mètres, et la perpendiculaire *de* de 730 mètres, et imaginons que *ca* soit le rayon sur lequel on a calculé les tables ; si l'on imagine l'arc *ab* et la perpendiculaire *ap*, cette perpendiculaire sera le sinus des tables. Or, je puis trouver aisément de combien de parties est cette perpendiculaire : car, comme les triangles *cde*, *cap*, sont semblables (à cause des parallèles *de* et *ap*, j'aurai : $cd : de :: ca : ap$; c'est-à-dire $1400^m : 700^m :: 1{,}000^m : x = 500^m$, et en cherchant dans la table à quoi répond 500^{m}, je trouve 30^{d}, qui est le nombre de degrés de l'angle *dce*; et réciproquement, si l'on donnait le nombre de degrés de l'angle *dce* et son rayon *cd*, on déterminerait de même la valeur de la perpendiculaire *de*; car sachant quel est le nombre de degrés de cet angle, on trouverait dans la table quel est le nombre de parties de la perpendiculaire ou du sinus *ap* qui répond à ce nombre de degrés; et alors, en vertu des triangles semblables *cap*, *cde*, on aurait cette proportion *ca* : *ap* :: *cd* : *de*, par laquelle il serait facile de calculer *de*, puisque les trois premiers termes *ca*, *ap* et *cd* sont connus, savoir : *ca* et *ap* par les tables, et *cd* qui est donné en mètres.

On voit par là quelles sont ces lignes que l'on appelle sinus, et qui peuvent être substituées aux angles dans le calcul des triangles : mais les sinus ne sont pas les seules lignes qu'on emploie, on fait usage aussi des tangentes. Ces lignes sont faciles à calculer quand une fois on a calculé leur sinus; car comme le triangle *cpa* et le triangle *cbd* (*fig.* 78) sont semblables, on peut en tirer ces deux proportions :

cp : *pa* :: *cb* : *bd* et *cp* : *ca* :: *cb* : *cd*;

c'est-à-dire (en faisant attention que *cp* est égal à *aq*) : cos. *ab* : sin. *ab* :: R : tang. *ab*, et cos. *ab* : R :: R : séc. *ab*. Or, on voit que dans chacune de ces deux proportions, les trois premiers termes sont connus lorsqu'on connaît tous les sinus ; puisque le cosinus d'un arc n'est autre chose que le sinus du complément de cet arc, il sera donc aisé d'en conclure la valeur du quatrième terme de chacun, et par conséquent des tangentes et des sécantes, et par conséquent aussi des cotangentes et des cosécantes, qui ne sont autre chose que des tangentes et des sécantes de complément.

DE LA RÉSOLUTION DES TRIANGLES OBLIQUANGLES.

La résolution des triangles obliquangles dépend de trois théorèmes principaux, dont le premier est que les côtés et les sinus de leurs angles opposés sont proportionnels.

Le second, que la somme des deux côtés est à leur différence, comme la tangente de la moitié de la somme des deux angles, opposés à ces deux côtés, est à la tangente de la moitié de la différence des deux mêmes angles.

Le troisième, que si l'on prend le plus grand côté pour base, afin que la perpendiculaire qu'on tirera sur cette base, de son angle opposé, tombe en dedans, il y aura même raison de cette base à la somme des deux autres côtés, que de la différence des deux mêmes côtés à la différence des deux segments de la base faits par la perpendiculaire.

PROBLÈME 1.

Connaissant deux côtés et un angle opposé à l'un des deux, trouver l'angle opposé à l'autre.

Le côté AC (*fig.* 80) étant de 860 mètres, le côté AB de 550 mètres et l'angle B de 81^d, 15', on aura l'angle C par cette proportion AC : sinus 81^d, 15', :: AB : sinus C, et en opérant par logarithmes, on trouvera le quatrième terme de cette proportion de la sorte : le logarithme de AC 860 mètres = 2.934498 est au logarithme du sinus de 81^d 15', qui est 9.994916, comme le logarithme de AB ou 550=2.740363 est au logarithme du sinus de l'angle C qui est 9.800781, lequel logarithme répond dans les tables à 39^d, 12'. Si l'angle C était obtus, on retrancherait 39^d 12' de 180^d, le reste 140^d 48' serait la mesure de cet angle. Il y a deux manières de faire ces opérations par logarithme ; la première, en ajoutant les deux moyens et retranchant de la somme l'extrême connu ; le reste est le logarithme du quatrième terme.

EXEMPLE :

2.234498 : 9.994916 :: 2.740363 : x = 9.800781.

9.994916

12.735279

2.934498

9.800781

La seconde manière se fait par l'addition des deux moyens avec le complément arithmétique du premier terme. Le complément arithmétique d'un nombre se prend en retranchant de 9 chacun des chiffres de ce nombre, excepté le dernier sur la droite, qu'on retranche de 10. Ainsi le complément arithmétique d'un nombre peut se prendre à l'inspection de ses chiffres, sans aucune opération.

Les compléments arithmétiques servent à changer les soustractions en additions. Si de 340 je veux retrancher 139, je puis à cette opération substituer l'addition de 340 avec 861 qui est le complément arithmétique de 139; alors il ne s'agit plus que d'ôter une unité au premier chiffre à gauche de la somme; on ôterait deux unités si l'on avait ajouté deux compléments. Dans ce cas-ci, la somme est 1201, de laquelle supprimant une unité au premier chiffre, il reste 201, qui est précisément ce que l'on aurait eu, si de 340 on avait retranché 139. Exemple pour l'opération précédente :

2.934498:9.994916::2.740363:x=9.800781.

9.994916

7.065502

19.800781

En supprimant une unité au premier chiffre, on aura, comme par la première opération, 9.800781.

Si le quatrième terme de la proportion est un côté, il faudra chercher, dans la table des nombres naturels, le nombre qui répond au logarithme de ce quatrième terme, ce sera la longueur du côté cherché; mais si le quatrième terme est un angle, il faudra chercher dans la table des sinus le nombre de degrés et minutes qui répond à ce logarithme.

Nous ne donnerons plus que les résultats des opérations, la marche étant partout la même.

PROBLÈME 2.

Connaissant les angles et un côté, trouver celui qu'on voudra des deux autres côtés.

Les angles étant connus et le côté AC (*fig.* 81), faites cette proportion, sinus B : AC ::

sinus A : BC, et par logarithmes comme il suit :

9.994916:2.934498::9.935543:x=2.875125
ou 750^{m} 2.

PROBLÈME 3.

Connaissant deux côtés et l'angle compris, trouver un des deux angles inconnus.

Si le côté AC (*fig.* 82) est de 70 mètres, le côté AB de 40 mètres et l'angle A, qu'ils comprennent, de 16 degrés, on trouvera la somme des deux autres angles inconnus B et C, en retranchant 16^{d} de 180. On ajoutera ensemble les deux autres côtés connus AB et AC pour avoir leur somme 110 mètres ; on retranchera le plus petit du plus grand pour avoir leur différence 30 mètres, et l'on établira cette proportion : la somme des deux côtés connus AB et AC est à leur différence, comme la tangente de la moitié de la somme des deux angles inconnus B et C est à la tangente de la moitié de la différence des deux mêmes angles, en opérant par logarithmes comme il suit :

2.041393:1.477121::0.852197:x=0,287925
ou 62°, 44′.

laquelle différence 60^{d}.44′ il faut ajouter à la moitié de la somme des deux angles inconnus pour avoir le plus grand angle

$144^d.44'$, et retrancher de la même somme pour avoir le plus petit angle $19^d.16'$.

PROBLÈME 4.

Connaissant les trois côtés d'un triangle, trouver les angles.

De la moitié de la somme des trois côtés, retranchez successivement chacun des deux côtés qui comprennent l'angle cherché, ce qui vous donnera deux restes.

Faites ensuite cette proportion : le produit des deux côtés qui comprennent l'angle cherché est au produit des deux restes, comme le carré du rayon, est au carré du sinus de la moitié de l'angle cherché ; ce qui, en employant les logarithmes, se réduit à cette règle.

Au double du logarithme du rayon, ajoutez les logarithmes des deux restes, et du tout retranchez la somme des logarithmes des deux côtés qui comprennent l'angle cherché ; ce qui restera sera le logarithme du carré du sinus de la moitié de l'angle cherché. Prenez la moitié ce reste, ce sera le logarithme de ce sinus, que vous chercherez dans les tables ; ayant alors la moitié de l'angle, il n'y aura plus qu'à doubler cette moitié.

Exemple : ajoutez les trois côtés du triangle ABC (*fig.* 83), et de la moitié de leur somme 108^{m} retranchez successivement 75^{m} et 86^{m}, côtés de l'angle C, que l'on veut connaître, vous aurez 33^{m} et 22^{m} pour reste, dont les logarithmes 1.518514 et 1.342423, étant ajoutés à 20.000000 double du rayon, on aura 22.860937, duquel retranchant la somme 3.809559 des logarithmes 1.875061 et 1.934498 des côtés 75 et 86, il restera 19.051378, dont la moitié 9.525689 est le logarithme du sinus de la moitié de l'angle C; on trouvera dans les tables que cette moitié est 19^{d}.36′, dont le double est de 39^{d}.12′, pour l'angle C. (*Voyez* la démonstration lagébrique dans Bézout.)

PROBLÈME 5.

Connaissant deux côtés et un angle opposé, trouver le reste. (Fig. 85.)

Données	a=8857^{m}.	Trouver	b=11481^{m} 70^{c}.
	c=5736^{m}.		B=101° 7′
	A=49° 25′.		C=29° 28′.

OPÉRATIONS.

Comp. log. 8857^{m} = 6.05271.	Comp. sin. 49° 25′ = 0.11949.
Log. sin. 49° 25′ = 9.88051.	Logar. de 3857^{m} = 3.94728.
Logar. de 5736 = 3.75861.	Log. sin. de 79° 57′ = 9.99328.
Log. sin. 29° 28′ = 9.60183.	Log. de 11481^{m}70^{c} = 4.06006.

PROBLÈME 6.

Connaissant d'un côté et les angles, trouver le reste. (Fig. 86.)

Données		Trouver	
	a=6537^m		b=4921^m.
	A=57°17′.		c=7718^{m}50^c.
	B=39°18′.		

OPÉRATIONS.

Comp. sin. 57° 17′=0.07502.	Comp. sin. 57° 17′=0.07502.
Logar. de 6537^m =3.81538.	Logar. de 6537^m=3.81538.
Log. sin. 39° 18′ =9.80166.	Log. sin. 83° 25′ =9.99713.
Logar. de 4921^m =4.88753.	Log. de 7718^m 50^c =3.88753.

OPÉRATIONS.

Comp. log. 8857^m=6.05271.	Comp. sin. 49° 25′=0.11949.
Log. sin. 49° 25′ =9.88051.	Logar. de 8857^m =3.94729.
Logar. de 5736^m =3.75861.	Log. sin. de 79°57′=9,99328.
Log. sin. 29° 28′ =9.69183.	Log. de 11481^{m}70^c=4.06006.

PROBLÈME 7.

Connaissant deux côtés et l'angle compris, trouver le reste. (Fig. 87.)

Données		Trouver	
	b = 4953^m.		a = 5668^m.
	c = 8735^m.		B = 32°5′.
	A = 37°26′.		C = 110°29′.

OPÉRATIONS.

Côté c = 8735m.	180° »	Comp. de 13688m = 5.86366.
Côté b = 4953m.	37° 26′.	Logar. de 3782m = 3.57772.
Différence. 3782m.	142° 34′.	Log. tang. de 71° 17′ = 10.47005.
Somme.. 13688m.	71° 17′.	Tang. ½ différ. 39° 12′ = 9.91143.

Le plus grand angle. . . . { 71°17′ 39°12′ }	= 118°29′	Comp. sin. 32° 5′ = 0.27478.
		Logar. de 4953m = 3.69487.
Le plus petit angle. . . . { 71°17′ 39°12′ }	= 32°5′	Logar. sin. 37° 26′ = 9.78379.
		Logar. de 5668m = 3.75344.

PROBLÈME 8.

Chercher les angles, connaissant les trois côtés. (Fig. 88.)

Données {	a = 4735m. b = 3786m. c = 5733m.	Trouver {	A = 55° 12′. B = 41° 02′. C = 83° 46′.

1re OPÉRATION.

Côté c = 5733m.
Côté a = 4735m. } Somme. . . 14254m.
Côté b = 3786m.

Demi-somme. . . .	7127m.
Côté b.	3786.
Reste. . . .	3341.
Côté c.	5733.
Reste. . . .	1394.

2e OPÉRATION.

Logar. de 3341m = 3.52388.	Logar. de 3786m = 3.57818.
Logar. de 1394 = 3.14426.	Logar. de 5733 = 3.75838.
Double du rayon. . 20.00000.	Somme. . . . . 7.33656.
Somme. . . . 26.66814.	
Somme des 2 côtés. 7.33656.	Demi-reste. 9.66579 = 27° 36′.
Reste. . . . . 19.33158.	Double pour l'angle A 27° 36′.
Demi-reste. . 9.66579.	Somme. . . . . 55° 12′.

3e OPÉRATION.

	3.14426	3.75838.
	3.37876	3.67532.
	20.00000	7.43370.
	26.52302	
Comp.	2.56620	
	19.08922	
	9.54461	= 20° 31′.
		20° 31′.
Pour l'angle B. . . .		41° 02′.

4e OPÉRATION.

	3.52388	3.67532.
	3.37876	3.57818.
	20.00000	7.25350.
	26.90264	
Comp	2.74640	
	19.64904	
	9.82442	= 41° 53′.
		41° 53′.
Pour l'angle C. . .		83° 46′.

TRIANGLES OBLIQUANGLES.

Nous avons dit, page 79, que la résolution des triangles obliquangles dépendait de trois théorèmes principaux, dont le premier est que les côtés et les sinus de leurs angles opposés sont proportionnels.

Pour le prouver, il faut remarquer que le triangle *abc* (*fig.* 95) est proportionnel aux triangles ABC; et que AB : *ab* :: BC : *bc*; ou ce qui revient au même, AB : $\frac{ab}{2}$ :: BC : $\frac{bc}{2}$; or, la moitié de la corde *ab*, est le sinus de *ah*, moitié de l'arc *ahb* : et cette moitié de l'arc *ahb* est la mesure de l'angle *acb*, qui a son sommet à la circonférence, et qui est égal à l'angle ACB; donc $\frac{1}{2}$ *ab* est le sinus de l'angle ACB; on prouve de même que $\frac{1}{2}$ *bc* est le sinus de l'angle BAC, donc AB : sin. ACB :: BC : sin. BAC.

Voyez le 1er problème, page 80.

REMARQUE.

Connaissant la somme de deux quantités, et leur différence; on aura chacune d'elles, en ajoutant à la demi-somme, et en retranchant de la demi-somme la demi-différence.

D'après ce que nous avons dit, page 79, que la somme des deux côtés est à leur différence, comme la tangente de la moitié de la somme des deux angles opposés à ces deux côtés, est à la tangente de la moitié de la différence des deux mêmes angles, on a dans le triangle *abc* (*fig.* 96), dont l'angle a est connu et les côtés *ac* et *ab*, aussi connus, la proportion suivante: $ac + ab : ab - ac :: \text{tang.} \frac{cba+abc}{2} : \text{tang.} \frac{cba-abc}{2}$. Si, sur le prolongement de *ab* on porte *ad* égal à *ac*, et que l'on tire la ligne *dc*, on aura un triangle *acd* isocèle, dont l'angle *a* est égal aux deux angles *acb* et *cba*, et supplément de l'angle *cab*. La ligne *dc* étant divisée en deux parties égales au point *h*, en tirant la ligne *ha*, et l'on aura l'angle *hac*, égal à l'angle *had*. Comme *ha* est le rayon de l'arc *hi*, qui sert de mesure à l'angle *had*, *hd*, qui lui est perpendiculaire, sera la tangente de cet angle, et, par conséquent, la tangente de la moitié de l'angle *cad*. Si l'on mène par le point *h* une parallèle *acb*, elle divisera *db* en deux parties égales au point *g*. *ag* sera alors ce qu'il faut ajouter à *ac* pour valoir la moitié de *db*, et ce qu'il faut retrancher de *ab* pour valoir aussi moitié de *db*. En menant aussi une parallèle à *cb* par le point *a*, on aura l'angle *oah*, demi-différence entre les angles *oad* et *oac* : la ligne *oh* sera alors la tangente de la demi-différence, on aura donc, à cause des triangles semblables, *dcb*, *dhg* et *doa*, la proportion *gd* : *dh* :: *ag* : *oh*, ou bien, ce qui ne change pas la proportion 2, *gd* : *ag* :: *dh* : *oh*; d'où il suit que *ba* + *ac* ou *bd*, somme des deux côtés : 2. *ag*, différence entre *ab* et *ac* :: *dh* tangente de la demi-somme des deux angles inconnus : *oh*, tangente de la demi-différence.

Nous avons dit, page 79, si l'on prend le plus grand côté pour base, afin que la perpendiculaire qu'on tirera sur cette base, de son angle opposé, tombe en dedans, il y aura même raison de cette base à la somme des deux autres côtés, que de la différence des deux mêmes côtés à la différence des deux segments de la base, fait par la perpendiculaire.

Ce qui se prouve ainsi : du point B (*fig.* 97), comme centre, et d'un rayon égal au côté BC, décrivez la circonférence CFGE, et prolongez le côté AB, jusqu'à ce qu'il la rencontre en E. Alors AE et AC sont deux sécantes tirées d'un même point, pris hors du cercle, et qui vont se terminer à la partie concave du cercle, tels que *ea* et *ca* (*fig.* 98), où l'on trouve, en tirant les cordes, *gc* et *fe*, deux triangles semblables, *agc* et *afe*, puisque l'angle *e* est égal à l'angle *c*, comme ayant leur sommet à la circonférence, et l'arc *gf* pour mesure, et l'angle *a* commun, et, par conséquent, l'angle *g* égal à l'angle *f*, d'où l'on peut établir la proportion suivante ; la sécante *ac* : sécante *ac* :: la partie *ag* : la partie *af*, c'est-à-dire, le plus grand côté du petit triangle est au plus grand côté du plus grand triangle, comme le plus petit côté du plus petit triangle est au plus petit côté du grand triangle. Or, (*fig.* 97) BE = BC ; on peut donc dire : CA : AE :: GA : AF. Si l'on connaît la somme AC et la partie AF, on connaîtra aussi le reste FC, et sa moitié DC, qui est un des segments de la base. On pourra alors établir cette proportion : BC, qui est connu est à l'angle D, qui est droit comme DC l'un des segments est à l'angle DBC, et de même AB : l'angle D :: AD : l'angle ABC, ce qui donne l'angle ABD. Donc, connaissant les trois côtés d'un triangle, on peut trouver les angles.

Application à la fig. 97.

1re OPÉRATION.

A B = 2380m.	Comp. de 2880m = 6.54061	1247 m 00
B C = 1440	Logar. de 3820 = 3.58206	623 50
Différ. 940	Logar. de 940 = 2.97313	1440 00
Somme 3820	Logar. de 1247 = 13.09580	2063 50

2e OPÉRATION.

AB : AD :: R : sin. ABD.	Comp de 2380m 00 = 6 62342
90°	Log. de 2063 50 = 3.31460
60° 7′	Log. du rayon.. . . = 10
29° 53′	Log. sin. de 60° 7′ = 19.93802

ce qui suffit pour trouver les angles B et C.

Il existe une autre méthode d'opérer pour trouver les angles lorsqu'on connaît les trois côtés d'un triangle. *Voyez* page 84.

PROBLÈME 9.

Pour trouver la perpendiculaire d'un triangle obtusangle.

Il faut faire la proportion suivante : Sinus total est à un des côtés, comme l'angle compris entre ce côté et le côté sur lequel on suppose que tombe la perpendiculaire est à cette perpendiculaire. Exemple : soit la perpendiculaire BD(*fig.* 84) dont on veut connaître la longueur.

Sinus D ou total : BC : : sinus C : BD, et par logarithmes comme il suit :

10.000000 : 1.875061 :: 9.800737 : x = 1.675798 ou 47.4 mètres.

Si l'on veut déterminer le point où elle tombe sur la ligne AC, on fera cette proportion.

Le côté sur lequel, ou sur le prolongement duquel tombe la perpendiculaire, est à la somme des deux autres côtés, comme la différence de ces mêmes côtés est à la différence des segments faits par la perpendiculaire, ou à leur somme selon que la perpendiculaire tombe en dedans ou en dehors du triangle. Exemple, AC : AB + BC : : BC — BA : DC— DA, et par logarithmes :

1.934498 : 2.113943 :: 1.301030 : x = 1.480475 ou 30^m 33^c.

Lesquels 30^m 23^c, il faut ajouter à la base AC de 86^m, pour avoir 116^m 23^c : dont moitié 58″ donne la longueur du plus grand segment DC ; ce qui détermine le point D et fait connaître la longueur des segments DA et DC.

PROBLÈME 10.

Pour avoir la superficie d'un triangle dont on connaît les trois côtés seulement.

Soit le triangle ACB (*fig.* 92) dont on connaît les trois côtés ; prenez la moitié de leur somme qui est 12^m ; retranchez-en successivement chaque côté, vous aurez les trois restes 6, 4 et 2, qui, étant multipliés l'un par l'autre, donnent pour produit 48 ; multipliez ce nombre par la moitié de la somme des trois côtés ; ce qui donnera 576, dont la racine carrée 24 mètres est la superficie du triangle ACB. Cette méthode est de la plus grande précision. (*Voyez* la démonstration algébrique dans l'abbé Marie.)

PROBLÈME 11.

La superficie d'un triangle rectiligne quelconque st égale à la moitié du produit de deux de ses côtés, multiplié par le sinus de l'angle compris entre ces mêmes côtés. (Le rayon des tables étant un.)

Fig. 89. $AB \times AC \times \sin. BAC = \text{sup. de } \frac{ABC}{2}$.

OPÉRATION.

Log. de 8^m = 0.90309
Log. de 10 = 1. . . .
Log. sin. de 36° 52′ = 9.77812

$1.68121 = \frac{48^m}{2} = 24^m$.

AUTRE OPÉRATION.

Fig. 90. $AB \times BC \times \sin. ABC. = \text{sup. de } \frac{ABC}{2}$

Logar. de 100 = 2. . . . .
Logar. de 100 = 2. . . . .
Log. sin. de 60° = 9.93752

$$3.93753 = \frac{8660}{2} = 4330^{m}.$$

AUTRE OPÉRATION.

Fig. 91. $AC \times CB \times \sin. C = \text{sup. de } \frac{ABC}{2}$

Logar. de 3786 = 3.57818
Logar. de 4735 = 3.67532
Log. sin. de 83°46′ = 9.99742

$$7.25092 = \frac{178210}{2} = 89105^{m}.$$

DES TRIANGLES RECTANGLES.

La résolution des triangles rectangles dépend du théorème suivant : Le carré du plus grand côté, qui est opposé à l'angle droit, et qu'on nomme *hypoténuse*, est égal à la somme des carrés des deux autres côtés.

Pour simplifier, nous ramènerons tous les autres cas de la résolution des triangles rectangles au même principe que pour la résolution des triangles obliquangles.

PROBLÈME 12.

Connaissant les deux côtés de l'angle droit, trouver l'hypoténuse.

Le côté AB (*fig.* 93) étant de 6^{m}, et le côté

BC de 8^m, on aura pour produit du carré du premier 36^m, et 64 pour le second; si l'on extrait la racine carrée de leur somme 100, on aura 10, qui est la longeur de l'hypoténuse.

PROBLÈME 13.

Connaissant l'hypoténuse et un côté, trouver l'autre côté.

L'hypoténuse AC (*fig.* 93) étant de 10^m, et le côté BC de 8^m, on retranchera le carré 64^m du côté connu, du carré 100^m, de l'hypoténuse; et la racine carrée du reste 36 sera le côté AB de 6 mètres.

PROBLÈME 14.

Connaissant l'hypoténuse et un côté, trouver les angles aigus.

On pourra résoudre ce problème par la méthode donnée pour le premier des triangles obtusangles, en établissant la proportion ainsi : l'hypoténuse est au sinus total, comme le côté connu est au sinus de l'angle qui lui est opposé.

PROBLÈME 15.

Connaissant les angles et un côté, trouver les autres côtés.

On résoudra ce problème comme le 2e des triangles obtusangles, en établissant la proportion ainsi : le sinus de l'angle opposé au côté connu est, à ce même côté, comme le sinus d'un des autres angles est au côté qui lui est opposé.

PROBLÈME 16.

Connaissant les deux côtés de l'angle droit, trouver les angles aigus.

On résoudra ce problème en cherchant l'hypothénuse, comme au problème 2, et en établissant la proportion ainsi : l'hypothénuse est au sinus total, comme un des côtés connus est à l'angle qui lui est opposé.

TRIANGLES RECTANGLES.

Pour calculer un triangle rectangle, il suffit de connaître deux choses différentes de l'angle droit, pourvu qu'il y ait un côté. Il y a quatre cas dans la résolution des triangles rectangles : 1° Lorsqu'on connaît un angle aigu et un côté de l'angle droit ; 2° un angle aigu et l'hypothénuse ; 3° un côté de l'angle droit et l'hypothénuse ; 4° enfin, les deux côtés de l'angle droit.

Les quatre cas se réduisent aux deux analogies suivantes : 1° Le rayon des tables est au sinus d'un des angles aigus, comme l'hypothénuse est au côté opposé à cet angle aigu ; c'est-à-dire dans le triangle *cde* (*fig.* 79), la partie *ca* de l'hypothénuse est le rayon des tables, et la perpendiculaire *ap* le sinus de l'angle *acb* ou *fcg* ; on aura donc *ca* (rayon des tables) : *ap* (sinus de l'angle C) :: CD hypothénuse : *de* ou sinus de 90^d=1000 : 1400^m=*cd* :: sinus de 30^d=500^m : *de*, que l'on trouvera de 700^m.

2° Le rayon des tables est à la tangente d'un des angles aigus, comme le côté de l'angle droit adjacent à cet angle est au côté opposé à ce même angle.

Supposons que la partie *cb* du côté *cg* soit le rayon des tables, on aura *cb* : *bh* :: *cg* : *gf*, c'est-à-dire *cb* ou le rayon=1000 : tangente de l'angle *c* ou 30^d=567^m :: *cg*, côté de l'angle droit=1400 : *gf*, tangente de l'angle *c*=808^m.

Remarquons que lorsqu'on connaît les deux côtés de l'angle droit, il faut trouver d'abord un des angles aigus pour calculer l'hypothénuse, ou bien chercher la racine carrée du produit des deux côtés de l'angle droit ; ce qui est facile par logarithmes.

PROBLÈME 17.

Pour faire une ouverture d'angle par les sinus des angles.

Cette opération repose sur le principe, que le sinus d'un angle est la moitié de la corde d'un arc double : ainsi, pour avoir la corde d'un arc ou de son angle, il faut prendre le sinus de la moitié de cet angle et doubler le nombre qui lui correspond dans les tables. Exemple : soit la ligne AC (*fig.* 81) de l'extrémité de laquelle on veut faire une ouverture d'angle de 39^d 12′, il faut avec un rayon pris sur l'échelle du plan que l'on rapporte, ou arbitraire si l'opération est isolée, de 10^m, 100^m, ou 1000^m, décrire un arc de cercle indéfini, et prendre dans les tables le sinus de 19^d 36′, moitié de l'angle que l'on veut tracer; on trouvera 9.525630, dont il faut retrancher 9, 8 ou 7 de la caractéristique 9, suivant que l'arc aura été décrit avec un rayon de 10^m, 100^m ou 1000^m, et chercher le nombre naturel qui correspond à ce reste : on aura 335^m 50^c pour longueur du sinus de l'angle 19^d 36′ dont le double 671^m est la corde de l'angle 39^d 12′

METHODE

Pour trouver la position d'un point d'où l'on aperçoit à la fois trois points donnés.

PREMIER CAS.

Si l'on imagine une circonférence qui passe par les points A, B et M point d'observation (*fig.* 99), et qu'au point d'intersection O on tire les lignes OA et OB, on aura l'angle ABO =AMO, puisqu'ils ont leur sommet à la circonférence, et pour mesure le même arc AO; par la même raison, l'angle OBA égale AMO : ainsi dans le triangle AOB on connaît AB et les trois angles O, A, B. On pourra donc trouver AO dans le triangle ACO. On a deux côtés CA et AO, et l'angle compris CAO qui égalent CAB—OAB. On peut donc connaître tout dans le triangle OAC. Or, on a dans le triangle CAM l'angle C, l'angle M et le supplément A ; donc on peut connaître avec le côté AC tout le triangle CAM, et de même pour le triangle CMB.

TYPES DES CALCULS. (*Fig.* 99.)

Connaissant les trois côtés, trouver les angles.

1re OPÉRATION.

1780	les 3 côtés.	Log. de 790 = 2.897627.	Log. de 1200 = 3.079181.
1400		Log. de 990 = 2.995635.	Log. de 1400 = 3.146128.
1200		Double du R. . . = 20. . . .	6.225309.
4380	Somme.	23.893262.	
2190	1/2 somme.	6.225309.	
1400	Côtés.	19.667953.	
1200		9.833976.	= 43° 1′ 30″
790	Restes.		43 1 30
990			86° 3′. . .

2e OPÉRATION.

Comp. de 1780 = 6.749570
Log. sin. 86° 3′ = 9.998967
Logar. de 1200 = 3.079181
} = 9.827718 = 42° 16″

3e OPÉRATION.	4e OPÉRATION.
Comp. sin. 57° 50′ = 0.072371.	Comp. log. de 2409 = 5.618163.
Logar. de 1780 = 3.250420.	Logar. de 391. . = 2.592177.
Logar. sin. 28° 40′ = 9.680982.	Log. tan. de 83°27′ = 10.150324.
Logar. de 1009 = 3.003773.	Tang. demi-différence = 54° 4′ = 10,150324.
	83°27′.
	180°00′ 54 4
	57 23 28°43′.
Pour l'angle B. . . 93° 30′	Pour l'angle A. 122°37′. 28°40
	57°23′.

DEUXIÈME CAS.

Si le point d'où l'on a observé était entre les côtés, comme ici, par exemple, en M (*fig.* 100), on imaginerait la circonférence CMBO et les cordes BO et CO qui vont rencontrer le prolongement de AM en O, alors on aura l'angle observé CMO (à cause qu'il est supplément de CMA) égal à CBO, et de même l'angle observé OMB égal à OCB. On pourra donc établir la proportion suivante, l'angle COB : CB :: CBO : CO; mais CO et CA sont connus, et l'angle compris ACO, on pourra trouver les angles COA et CAM; ce qui suffit pour établir les proportions suivantes : l'angle observé CMA : AC :: CAM : CM, et l'angle CMA : AC :: ACM : AM, et encore pour trouver MB, l'angle AMB : AB :: MAB : MB.

TROISIÈME CAS.

Si le point M, d'où l'on observe, était au-delà du sommet de l'angle A, par exemple (*fig.* 101), l'on imaginera la circonférence passant par les points M, B et C, par le point O, intersection de la ligne MA, prolongée jusqu'à la circonférence, on tirerait les cordes CO et BO, alors l'angle observé CMO égale

CBO, et AMB égale OCB ; d'où l'on peut tirer la proportion COB : CB :: OBC : CO. AC et CO étant connus et l'angle ACO, on trouvera l'angle COA ; puis enfin on aura cette autre proportion, l'angle CMO : CO :: COM : MC, et CMO : CO :: MCA : MA, et encore AMB : AB :: MCB : MB.

QUATRIÈME CAS.

Si le point M était près du côté AB (*fig.* 102), la circonférence imaginée par le point MBA irait bien au-delà du point MC, prolongé jusqu'à la rencontre de la circonférence au point O ; puis tirant les cordes AO et OB, on aura les angles observés AMC égale ABO, et CMB égal OAB ; d'où l'on peut tirer la proportion suivante, l'angle AOB : AB :: OBA : AO; AO et AC étant connus et l'angle compris OAC, on trouvera les angles AOC et OCA et son supplément ACM ; d'après quoi on établira les proportions suivantes, l'angle AMC : AC :: ACM : AM et AMC : AC :: CAM : CM, et enfin l'angle CMB : CB :: BCM : MB.

CINQUIÈME CAS.

Le cinquième cas n'arrive que lorsque la circonférence qui passe par les points M, A et B passe aussi par le point C. On remarquera (*fig.* 103), par exemple, que l'angle observé AMC, qui est égal à ABC, l'est aussi à l'angle AOC, quoique les côtés AM, CM et BM ne soient pas égaux aux côtés AO, CO et BO. Ce qui se reconnaît si les angles CMB et CAB sont égaux, ainsi que les angles CMB et CAB. Le problème alors n'est pas déterminé, chaque point de la circonférence satisferait à la question.

La figure 99 est un exemple calculé par l'analyse. Nous allons donner une formule générale par la synthèse, et qui simplifie beaucoup les calculs; nous en ferons l'application pour la figure 104. On doit remarquer ici que pour opérer, il suffit de connaître les côtés AB, AC et l'angle A et les angles observés *m* et *n*, et l'on trouve les angles ABO et ACO par la formule suivante, tang. $\frac{1}{2}$ (CB) $=$ tang. $\frac{1}{2}$ (C+B) + cos. ($45^{d}+q^{o}$) et $q^{o} = \frac{AB \times \sin.\ n}{AC \times \sin.\ m}$. Pour suivre la marche de cette opération, il faut d'abord chercher la tang. q. Ainsi le logar. sin. $n = 25^{d}$, ajouté avec le logar. AB, puis le comp. du logar. $AC = 500^{m}$, et enfin le comp. du logar. sin. $m = 30^{d}$, la somme $9.96837 =$ la tang. de $42^{d}\ 55' = q$, qui, ajoutée à 45^{d}, donne $87^{d}\ 55'$. La seconde opération consiste à chercher la demi-somme des deux angles ABO et ACO, l'angle $A = 75^{d}$, l'angle m 30^{d} et l'angle n 25^{d}; ce qui fait 130^{d}, retranchés de 360^{d}, reste 230^{d} pour les deux angles inconnus et la demi-somme 115ᵈ qui $=\frac{1}{2}$ (C+B). Pour la troisième opération, cherchez le logar. cos. 87ᵈ 55′=tang. q° plus 45, et ajoutez-les au logar. de 115ᵈ, vous aurez 8.89216=sinus 4ᵈ 28′, qui, ajouté à 115ᵈ, donne 119ᵈ 28′ pour l'angle ABO, et retranché de 115ᵈ, reste pour l'angle ACO 110ᵈ 32′. Ceci trouvé, on pourra établir les proportions sin. m : 550 :: sin. ABO : AO et sin. n : 500 :: sin. ACO : AO, encore sin. m : 550 :: sin. BAO : BO, et enfin sin. n : 500 :: sin. CAO : CO.

TYPE DES CALCULS.

1ʳᵉ OPÉRATION.

Log. sin. n = 9.62595
Logar. AB = 2.74036
Comp. logar. AC = 7.30103
Comp. log. sin. m = 0.30103

9.96837 = 42° 55′ = q.
45. . . = r.

87° 55.

2ᵉ OPÉRATION.

A = 75°	360°
m = 30	130
n = 25	230°
130°	115° = 1/2 (C + B).

3ᵉ OPÉRATION.

Logar. cos. 87° 55′ = 8.56083
Log. tang. 1/2 (C + B) = 115° = 0.33133

8.89216 = 4° 28′.

4e OPÉRATION.

L'angle ABO = 115° + 4° 28′ = 119° 28′
L'angle ACO = 115° — 4° 28′ = 110° 32′.

BASE AUXILIAIRE.

Méthode pour lier à une chaîne de grand triangle une triangulation d'un ordre inférieur, sans avoir besoin de mesurer aucune base.

Si des points *a* et *b* (*fig.* 105), on apercevait le côté AB connu d'une triangulation d'un ordre inférieur, et que des mêmes points l'on pût aussi observer les points C et D, extrémités d'un côté d'une triangulation d'un ordre supérieur, on pourrait alors lier les deux triangulations sans mesurer *ab* par la règle de fausse position.

En effet, si l'on suppose *ab* de 10,000 mètres, par exemple, on trouvera facilement A*b* et B*b*; l'angle A*b*B étant connu et les côtés A*v* et B*b*, on trouvera les angles *b*AB et AB*b*; ce qui suffira pour trouver tous les côtés de la figure AB*ba*, et par conséquent *ab*. La même opération aura lieu pour la figure *ab*CD.

TYPE DES CALCULS.

Données $\left\{ \begin{array}{l} AB = 9999^{m}. \\ Aba = 26^{\circ}\ 25' \\ AbB = 70^{\circ}\ 20' \\ BaA = 23^{\circ}\ 17' \\ Bab = 25^{\circ}\ 21' \end{array} \right\}$ Trouver $ab = 12969^{m}$.

1re OPÉRATION.

Comp. log. sin. 57° 54′ = 0.072054
Logar. de 10000. . . . . = 4. . . . .
Logar. sin. de 25° 21′ = 9.631593

Logar. de 5054 = 3.703647.

2e OPÉRATION.

Comp. log. sin. 75° 03′ = 0.014955	7768	180° ....
Logar. de 10000. . . . . = 4.	5054	70° 20′
Logar. sin. de 38° 48′ = 9.875348	12822	109° 40′
Logar. de 7768 = 3.890303	2714	54° 50′

3e OPÉRATION.

Comp. log. de 12822m = 5.892044
Logar. de 2714. . . . . = 3.433610
Logar. tang. de 50° 50′ = 0.152087

Log. tang. 1/2 différence = 9.477741 = 16° 43′
Demi-somme. . . . . = 54° 50′

Plus petit. . . . = 38° 07′
Plus grand. . . . = 71° 33′

4e OPÉRATION.

Comp. log. de 70° 20′ = 0.026103
Logar. de 9999. . . . . = 3.999957
Logar. sin. de 38° 07′ = 9.790471

Logar. de 6554 = 3.816531

5e OPÉRATION.

Comp. logar. de 5054	=	6.296353
Logar. de 6554	=	3.816531
Logar. de 10000	=	4. . . . .
Logar. de 12969	=	4.112884

PROBLÈME 18.

Rattacher deux bases dont on ne peut voir que les extrémités.

Soit la base AB et celle CD (*fig.* 106) des extrémités desquelles on ne peut voir à chaque station qu'un seul point de l'autre base, à cause d'un obstacle tel qu'un bois ou une montagne, on observerait les angles ABCD; puis imaginant les côtés AC et BC prolongés jusqu'à ce qu'ils se rencontrent au point O, on aura alors l angle OAB supplément de BAC, et l'angle OBA supplément de DBA. Connaissant la base AB, on trouvera l'angle O et les côtés AO et BO. Les angles D et C étant aussi connus et la base CD et l'angle O, on pourra également déterminer les côtés DO, dont on retranchera BO pour avoir BD, et de même pour le côté AC.

Si, au contraire, les obstacles se trouvaient, comme à la fig. 107, dans la direction du carré des deux bases, et que l'on pût voir les extrémités de ces bases entre les deux obstacles, on observerait les angles ABC, DAB, BCD et ADC; puis connaissant l'angle AOB, on pourra trouver AO et BO, et de même ayant l'angle COD, on trouvera OB et OC; enfin, ajoutant BO a OC on aura BC; et ajoutant AO à OC, on aura AD.

FORMULE GÉNÉRALE.

$$AC = \left\{ \frac{CD \ \sin. \ D}{\text{Sin} \ (A + B)} - \frac{AB \ \sin. \ B}{\text{Sin.} \ (A + B)} \right\}$$

$$DB = \left\{ \frac{CD \ \sin. \ C}{\text{Sin.} \ (A + B)} - \frac{AB \ \sin. \ A}{\text{Sin.} \ (A + B)} \right\}$$

RÉDUCTION AU CENTRE.

Si, lorsqu'on observe un angle, on ne pouvait se placer au centre de la station, il faudrait mettre l'instrument dans une position peu éloignée du centre, et de manière à pouvoir observer l'angle entre les deux objets et les angles entre les mêmes objets et le centre de la station : il faut aussi que l'on puisse mesurer la distance du point où l'on observe au centre de l'édifice.

Cinq cas se présentent pour la position de l'instrument par rapport au centre et aux côtés observés; le premier cas (*fig.* 109) est lorsque l'on est au point O entre et dans l'alignement CA. On a alors l'angle AOB observé, au lieu de l'angle ACB; mais l'angle AOB est plus grand que ACB, car si l'on tire par le point O une parallèle à CB, l'angle Aoa sera égal à l'angle ACB; mais AOB est plus grand que aoA de tout le petit angle aoB. C'est donc ce qu'il faut retrancher de l'angle observé AOB pour avoir l'angle réduit ACB. On doit remarquer ici que l'angle aoB $=o$Bc (propriétés des parallèles); on peut donc retrancher oBc au lieu de aoB. Par le moyen des angles observés on peut trouver les trois côtés du triangle ABC, et par conséquent CB; on mesurera OC, et l'angle Boc étant observé, on établira cette proportion CB : BOC :: OC : $x =$ OBC, qu'il faut retrancher de l'angle observé AOB.

Le second cas, même figure, suppose que l'instrument est placé dans le prolongement AC en e; par exemple, si l'on tire la parallèle eb, Aeb sera égal à ACB; le petit angle Beb est donc ce qu'il faut ajouter à l'angle observé pour avoir l'angle réduit au centre ACB, ou, ce qui revient au même, l'angle CAe, et l'on aura CB : ceB :: ce : x.

Le troisième cas, *fig.* 108, suppose que l'instrument est sur le côté et hors les côtés de l'angle observé en O, par exemple, d'où l'on observe l'angle AOB qu'il faut réduire à l'angle ACB. On doit aussi observer les angles AOC et BOC et mesurer CO à un décimètre près, alors on aura AC : AOC :: CO

: x = CAO et CB : BOC :: CO : x = CBO; mais l'angle CBO doit être ajouté à l'angle observé et l'angle CAO retranché du même angle; car si l'on tire les parallèles O*a* à CB et O*b* à CB, l'angle *oab* sera égal à ACB et AOB = *aob* — A*oa* + BOB; ce qui revient au même que AOB observé + OBC — CAO. C'est donc l'angle extérieur CBO qu'il faut toujours retrancher, et l'angle CAO intérieur qu'il faut retrancher de AOB observé pour avoir l'angle réduit au centre ACB.

Quatrième cas, si l'instrument était, comme à la figure 110, entre les deux côtés au point O, on voit par les mêmes principes que ci-dessus, que l'angle observé AOB est plus grand que l'angle ACB de tout le petit angle CAO + le petit angle OBC; il faudra donc les retrancher tous les deux de l'angle observé pour avoir l'angle réduit au centre de station.

Le cinquième cas ne diffère du quatrième qu'en ce que l'instrument étant en dehors au point *e*, l'angle observé est plus petit que l'angle au centre, et qu'alors il faut ajouter les deux petits angles *e*AC et CBC à l'angle observé pour avoir l'angle ACB.

Si le centre de l'objet d'où l'on doit observer n'était pas visible, il faudrait, comme à la figure 111, qui est une tour ronde, par exemple, prendre, étant au point O, l'angle formé par les deux tangentes *op* et *oe*, et ajouter la moitié de cet angle à l'angle observé *e*OB pour avoir l'angle COB, et de même pour avoir l'angle COA. Si la distance OC ne pouvait être mesurée, la direction OC étant connue, on mesurera OI que l'on ajoutera au rayon de la tour.

Si la figure de l'édifice qui sert de signal est un carré, un parallélogramme ou toute autre figure régulière, on cherchera l'une des diagonales par la mesure du point d'observation aux extrémités de la diagonale et l'angle compris; on aura par ce moyen la distance au centre et sa direction.

TYPES DES CALCULS. (*Fig.* 108.)

Données		
	A C = 9736^{m}.	Trouver BCA = 53° 15′ 43″.
	B C = 8458	
	C O = 6^{m} 70^{c}	
	BOA = 53° 15	
	BOC = 37° 16′	

CB : BOC :: CO : X = CBO.	CA : COA :: CO : X = CAO.
Comp. log. de 84580 = 5.0727323	Comp. log. de 97360 = 5.0116194
Logar. de 37° 16′ = 9.7821324	Logar. de 89° 29′ = 9.9999823
Logar. de 67°. . . = 1.8260748	Logar. de 67°. . . = 1.8260748
Log. sin. de 1′ 39″ = 6.6809395	Log. sin. de 2′ 22″ = 6.8376765

Angle observé =	53°	15′	00″	= 53° 15′ 43″.
+ CAO. . . =	00	2	22	
− CBO. . . =	00	1	39	

Méthode de réduire à l'horizon.

Si les trois sommets du triangle ABC (*fig.* 112) étaient dans trois plans différents, le calcul fait d'après les observations donnerait des côtés dont la mesure serait la distance du point d'observation au point observé, suivant la pente du terrain. Pour avoir la distance réduite à l'horizon, il faut observer l'angle entre le point observé et la ligne horizontale; on aura alors tous les angles et un côté d'un triangle rectangle dont un des côtés de l'angle droit sera la longueur du côté réduit.

Exemple : Soit le triangle ABC observé et calculé d'après les observations, les trois points A B et C étant dans des plans différents, on observera l'angle entre l'horizon GF et la ligne CA du terrain qui est 30^{d}. On connaît alors dans le triangle ACF l'angle C, l'angle droit F et le côté CA; ce qui donne le moyen de trouver CF qui est CA réduit à l'horizon et égale ici 250^{m} ou *ac* (*fig.* 113), côté du nouveau triangle. Ayant observé de même l'angle à l'horizon BCG, on trouve CG qui n'est autre chose que CB réduit à l'horizon, égale 201^{m} ou *cb* du nouveau triangle; enfin, observant l'angle à l'horizon BAO, le côté AB devient AO de 352^{m} ou *ab* du nouveau triangle (*fig.* 113), dont tous les côtés et tous les angles sont différents de ceux de la figure 112.

APPLICATION DES PRINCIPES DE LA TRIGONOMÉTRIE.

Tous les cas que les opérations trigonométriques peuvent présenter sur le terrain ayant été démontrés séparément, nous allons donner une application générale, dans laquelle on verra la manière de travailler sur le terrain, pour lever le plan d'une étendue un peu considérable.

Si l'on avait à lever le plan d'une commune, ou de plusieurs réunies, on observerait d'abord l'ensemble du terrain, afin d'en reconnaître les principaux points; on choisira le lieu le plus commode pour tracer la base la plus longue possible, de sorte que de ses extrémités on puisse voir le clocher et le plus grand nombre de points remarquables de cette commune. On tâchera, autant que possible, de prendre cette base sur un terrain de niveau, autrement on aura grand soin, en la mesurant, de tenir la chaîne bien horizontale; il est bon aussi de la mesurer plusieurs fois; de la justesse de cette base dépend celle de toute l'opération.

Ayant, par exemple, reconnu que la base AB (*fig.* 94) est celle qui convient, par les raisons que nous avons données, on fera planter une ligne de jalons dans la direction de cette ligne, et, étant placé au point B, on observera l'angle que fait la base avec le clocher C, celui de la base avec le point F, celui de la base avec le point I; lesquels points sont ou des objets apparents, tels que cheminées, arbres, croix ou signaux placés pour la facilité de l'opération ; on observera aussi du point A les angles formés par la base et le point I par la base et le point C par la base et le point I. Les points F, C, I ayant été pris des deux extrémités de la base, on aura les triangles BAF, BAC et BAI, dont on connaît un côté et deux angles; en concluant le troisième, on aura les côtés inconnus par le deuxième problème.

Connaissant le côté AC, on pourra déterminer le point G, que l'on suppose n'être pas visible du point B, en observant l'angle GAC et l'angle CGA ou GCA (2e problème.) Le côté AG étant connu, il servira de base pour déterminer le point H, par le même principe que le précédent.

Ayant encore à déterminer les points E, D et R, dont plusieurs ne peuvent être visibles du point A à cause de leur position presque dans le prolongement de la base, et dont la construction serait vicieuse, les angles étant ou trop aigus, ou trop obtus, on formera une autre base telle que ED, que l'on rattachera à la première, soit directement, soit sur des points déjà déterminés par le calcul. Dans cet exemple, on suppose que l'angle FBE a été pris, ainsi que l'angle FEB, le côté BE étant connu, on aura les côtés du triangle BEF par le 2e problème.

Ne pouvant observer le point D du point B, et réciproquement du point D, ne voyant pas le point B, on aura le côté BD par la résolution du 3e problème, l'angle BED, compris entre la base ED et le côté EB qui est connu, ayant été observés.

En supposant toujours que le point B ne soit pas visible du point D, la ligne BD étant connue, on aura le point R, en observant l'angle formé par la base ED et le point R; retranchant l'angle BDE trouvé par le calcul, de l'angle RDE, on aura l'angle BDR. On observera aussi l'angle BRD, et l'on aura ce qui est nécessaire pour déterminer les angles et les côtés du triangle BRD (2e problème.)

Toutes les fois qu'on pourra observer le troisième angle d'un triangle, il ne faudra pas le négliger, l'angle conclu n'étant pas toujours certain ; d'ailleurs, cela sert de preuve, et assure l'exactitude des deux autres angles.

Il est encore d'autres moyens de vérification, qu'il est bon d'employer; par exemple, de lier par une double opération les extrémités des triangles, telles que le point C et le point F, en observant l'angle CFB et CBF, qui donnent, en prenant alternativement les côtés connus le moyen de vérifier les côtés et les angles déjà calculés.

Il faut aussi ajouter ensemble tous les angles de l'extrémité d'une base, et s'assurer si leur somme fait 360^{d}, ce qui, dans le cas contraire, prouverait que ces angles n'ont pas été bien observés, ou que l'instrument est mauvais.

Pour tracer la méridienne d'un plan.

D'une des extrémités de la base, du point A, par exemple, on observera avec la boussole, l'angle que fait la base avec la ligne nord, qui est ici de 73 degrés, déduction faite de 22 pour la déclinaison de l'aiguille. La base étant tracée sur le plan, on fera une ouverture d'angle au point A, par le moyen du problème 12, qui donne 73 degrés; cette ligne sera le méridien de l'extrémité A de la base AB. La perpendiculaire passant par le même point A se trace par la méthode ordinaire.

Pour calculer la distance d'une méridienne et de sa perpendiculaire, à la méridienne et à la perpendiculaire d'un lieu quelconque.

S'il s'agissait de connaître la distance de la méridienne qui passe par le point A à celle qui passe par le point O, que l'on peut considérer comme l'observatoire de Paris, ou un lieu dont la distance entre les méridiennes et les perpendiculaires de Paris soit connue, on observerait les deux angles formés par la base AB et le rayon visuel AO, l'angle formé par la bsse BA et le rayon visuel BO, et l'on déterminerait les côtés AO et BO par la méthod edu deuxième problème. L'angle OAB ayant été observé de 84°, on en retranchera les 73°, formés par la base et la ligne nord, le reste 11° sera l'angle OAP, d'après quoi on pourra établir cette proportion : le sinus total est à l'hypothénusc 110^{m}, comme le sinus de 11° est à OP, distance entre les deux méridiennes O et A. La distance entre les deux perpendiculaires se trouve par la proportion suivante : sinus total est à AO=110^{m}, comme sinus O=79° est à AP, distance entre les deux perpendiculaires O et A.

LEVÉE DU DÉTAIL.

La trigonométrie ayant été bien fixée sur le plan, on commencera la levée du détail, soit que l'on veuille un plan topographique, soit pour avoir le détail des différentes natures de culture, ou enfin celui des propriétés particulières.

Le détail peut être levé avec le graphomètre, avec la planchette, avec l'équerre ou avec la boussole. Cette dernière méthode nous a paru, d'après l'expérience, la plus commode et la plus expéditive. Il existe six manières de lever à la boussole et de rapporter avec cet instrument; nous nous fixerons à la plus simple. On aura soin de n'avoir pas de fer dans le lieu où l'on rapporte, et d'être au moins à deux mètres des portes et croisées qui en ont toujours quelques morceaux.

Pour la méthode que nous allons donner, la boussole doit être divisée de 1 à 360 degrés, et le diamètre de l'aiguille au moins de 10 à 12 centimètres.

Pour lever le chemin ER, par exemple, on placera la boussole au point R, on dirigera l'alidade sur l'angle du chemin *a*, où l'on aura fait planter un jalon, et l'aiguille étant arrêtée, on écrira sur le brouillon figuré le degré qu'indique l'aiguille du nord; cette cote se place à droite et en travers, afin de ne plus la confondre avec la distance qui s'écrit en long entre les points R et *a*.

Cette distance doit être mesurée avec soin; on transportera la boussole au point *a*, et l'on dirigera l'alidade sur le point *b*, on cotera comme ci-dessus le degré qu'indique l'aiguille du nord, et la distance du point *a* au point *b*. On opérera de même à toutes les sinuosités de ce chemin, jusqu'au point E; on aura soin, en le parcourant, de lever les autres détails qui pourraient se rencontrer, tels que maison, jardin, prés, etc. Si d'autres chemins venaient s'embrancher dans celui qu'on lève, on laisserait en face un point de repaire pour servir de point de départ, lorsqu'on voudrait lever le chemin.

DU RAPPORT AVEC LA BOUSSOLE.

Pour rapporter le détail fait avec la boussole, il faut orienter le plan de manière que le côté de l'alidade de la boussole soit appliqué directement sur la méridienne, et faire varier le plan jusqu'à ce que l'aiguille du nord donne le même degré qu'en traçant cette méridienne. On aura soin de fixer le plan, afin que dans le cours de l'opération il ne varie pas. On placera alors le côté de l'alidade de la boussole au point R, de sorte que le rayon visuel, mené sur le terrain, et marqué sur le brouillon, se trouve ici dans la même direction; ce que l'on aura en faisant tourner la boussole autour du point R, jusqu'à ce que l'aiguille du nord donne le degré trouvé sur le terrain; on tirera le long de la boussole, à partir du point R, une ligne Rx, qui donne la direction du premier alignement Ra. On prendra sur l'échelle du plan la distance que l'on a trouvée entre le point R et a, on la portera à partir du point R dans la direction Rx, et le point où l'extrémité de cette ligne tombe sur celle R*a* sera le point *a*, où l'on placera la boussole pour avoir, par la même manœuvre, la direction *ab* et le point *b*; ainsi de suite jusqu'au point E.

Si l'on a bien opéré sur le terrain et dans le rapport, le dernier degré et la dernière cote doivent tomber sur le point E; c'est ce qu'on appelle fermer et se vérifier par les points de la trigonométrie.

Tout le reste du détail se lève de même en fermant partie par partie, pour se vérifier souvent, et ne pas ajouter erreurs sur erreurs.

Nous allons donner la description et la figure du calculateur graphite de M. Gelinski, tel qu'il l'a faite lui-même.

CALCULATEUR GRAPHITE DE M. GELINSKY.

Cet instrument donne très promptement, et avec une rigoureuse exactitude, la contenance de la figure la plus irrégulière.

Sa construction est fondée sur la propriété des parallèles.

Description.

L'instrument représenté figure 114 se compose: 1° d'une règle de verre A qu'on nomme limbe; 2° d'une règle d'ébène B; 3° d'une charnière en cuivre C qui unit le limbe à la règle, de manière qu'il puisse tourner facilement et faire avec elle tel angle qu'on veut.

Les parallèles *ag, hi, kl, mn,* tracées sur le limbe, ont des propriétés que nous allons faire connaître.

La première réduit les polygones en triangles dont elle détermine en même temps la contenance, au moyen des divisions qu'elle porte, et qui tiennent lieu d'échelle.

La seconde réduit tous les triangles résultant des polygones à une hauteur déterminée par l'espace compris entre cette ligne et la première.

La troisième a les mêmes fonctions que la seconde. On ne l'emploie que pour les plans levés à une échelle double.

La quatrième, qui comprend avec la première un espace décuple de celui compris entre les deux premières lignes, a absolument les mêmes fonctions que la seconde. Elle sert pour de plus grands triangles; décuple les bases de ceux dont il est nécessaire d'avoir la contenance, à un mètre près, et développe en conséquence les divisions de l'échelle qu'elle rend dix fois plus petites.

La règle d'ébène est pourvue à l'extrémité opposée à la charnière, d'une petite vis D sur laquelle le limbe s'appuie; cette vis destinée à maintenir le parallélisme qui doit constamment exister entre la première ligne du limbe et la face extérieure de la règle d'ébène. Si ce parallélisme se détruit, on le rétablit en serrant ou desserrant la vis selon que le cas l'exige.

Iudépendamment de la règle d'ébène, on en emploie une autre de bois ordinaire E qui ne tient point à l'instrument. Elle sert à maintenir le parallélisme du limbe, lorsqu'il est ouvert sous un angle quelconque, et qu'on fait glisser l'instrument, soit à droite, soit à gauche, en le tenant appliqué contre cette règle.

Pour la consolider, lorsqu'elle est placée, on la garnit de petites pointes à ses extrémités.

Pour abréger nous nommerons dans la suite :

La ligne *ag* qui passe par le centre de la charnière, ligne centrale ou ligne de foi.

La ligne *hi*, première parallèle.
La ligne *kl*, seconde parallèle.
La ligne *mn*, troisième parallèle.

La division dont la ligne centrale est la base, échelle du limbe ou simplement l'échelle.

Le point *a*, centre de la charnière ou simplement centre.
La règle d'ébène, règle de l'instrument.
La règle de bois ordinaire, simplement règle ordinaire.

Application.

Soit donné un polygone quelconque, par exemple : l'exagone *abcdef* (*fig.* 114) pour en déterminer la contenance.

On prendra l'instrument par ses extrémités, le tenant appliqué contre la règle ordinaire, et l'ajustant sur l'un des côtés du polygone, par exemple : sur le côté *af*, on fera coïncider la ligne centrale avec ce même côté, accordant exactement le centre de la charnière avec le point *a*, appuyant ensuite la main gauche sur les deux règles ; mais forçant un peu plus sur la règle de l'instrument que sur l'autre ; de l'autre main, prenant le limbe par son extrémité droite, et le faisant tourner sur le centre, jusqu'à ce que la ligne centrale coupe le point *c* dans cette position, on tiendra toujours la règle ordinaire de la main gauche ; et de la droite, saisissant la règle de l'instrument, la faisant glisser le long de la première, jusqu'à ce que la ligne centrale coupe exactement le point *b*. Cette opération faite, supposant la ligne *co* dont le point *o* est déterminé par le centre de la charnière ou bien par la jonction de la parallèle *bo* avec le côté *af*, il en résultera un polygone *ocdef* qui aura un côté de moins que le premier, et qui lui sera égal en surface ; car les triangles *cba*, *cao*, sont égaux, puisqu'ils ont même base et même hauteur; donc, si l'on en retranche le triangle *cra* qui leur est commun, le triangle *cbr* ajouté au pentagone sera égal au triangle *aor* retranché de l'exagone; donc, etc., etc.

Ce qui vient d'être fait pour l'angle *abc* se répète pour l'angle *ocd*. Le centre de la charnière étant toujours au point *o*: et le limbe dans sa dernière position ramenant la ligne de foi sur le point *d*, ensuite faisant glisser l'instrument le long de la règle ordinaire, jusqu'à ce que la ligne précédente coupe le point *c*; par cette seconde opération, le pentagone *ocdf* est réduit en un quadrilatère *defs* de la même surface.

Enfin, faisant de *e* en *d*, ce qu'on vient de faire de *d* et *c*, le quadrilatère *defs* sera réduit en un triangle *pef*, qui lui sera égal en surface ainsi qu'au polygone donné *abcdef*.

Le centre étant ainsi arrivé au point *p*, fig. 115, on fera mouvoir le limbe jusqu'à ce que la troisième parallèle coupe le point *f*; imaginant ensuite la ligne *eq* parallèle à la base *pf* et prolongée jusqu'à ce qu'elle rencontre la ligne centrale, on aura alors, en supposant la ligne *fq*, un triangle *pqf*, compris entre la ligne centrale et la troisième parallèle égale en surface au triangle *pef*, la contenance du premier se trouvera de suite déterminée par le nombre des divisions de l'échelle, comprises entre le point *q* et le point *p*, mais comme dans la pratique, on ne trace point de parallèle à la base, il faudra, pour avoir la contenance du triangle *pef*, faire glisser l'instrument le long de la règle ordinaire, jusqu'à ce que la ligne de foi coupe le point *e*; alors comptant sur l'échelle les divisions comprises entre ce dernier point et le centre, on aura la contenance de ce triangle, et par conséquent, celle de l'exagone donné *abcdef*.

Le limbe est divisé en 300 parties qui représentent 30 ou 300 arcs, suivant que l'on fait usage de la première ou de la troisième ligne parallèle ; de sorte que cette dernière devra être employée pour les parcelles excédant 30 perches métriques. Quant à celles au-dessus de trois hectares, parmi les divers procédés que l'on peut employer, le plus simple est de les subdiviser pour les calculer ensuite séparément.

On pourra néanmoins rendre les divisions du limbe dix fois plus petites, en décuplant les bases des triangles très petits, par le moyen indiqué ci-après.

Ajustant la ligne centrale de l'instrument sur la base *ac*, du triangle *abc*, figure 115, plaçant la première parallèle au point *c*, poussant ensuite l'instrument, jusqu'à ce que la ligne centrale coupe le point *b*, alors chaque division du limbe comprise entre le point *b* et le centre, vaudra 10 mètres ; mais si on continue à faire glisser l'instrument le long de la règle ordinaire, jusqu'à ce que la troisième parallèle coupe le point c, et qu'en fermant l'instrument, on ramène de nouveau la première parallèle au point c, qu'ensuite faisant glisser l'instrument le long de la règle ordinaire, jusqu'à ce que la ligne centrale coupe le point b, chaque division de l'échelle ne représentera plus qu'un mètre.

L'usage de cet instrument fera connaître d'autres procédés que nous n'avons pas jugé à propos de faire connaître ici.

Nota. Chaque division de la ligne de foi devrait être subdivisée en dix parties égales, que l'on n'a point exprimées au dessin pour éviter la confusion ; elles le sont sur l'instrument exécuté, qui est exactement le double du dessin.

Cet instrument renfermé dans une boîte, est du prix de 100 francs ; chez M. Richer, ingénieur en instruments de mathématiques, boulevard Saint-Antoine, n° 71, à Paris.

FIN.

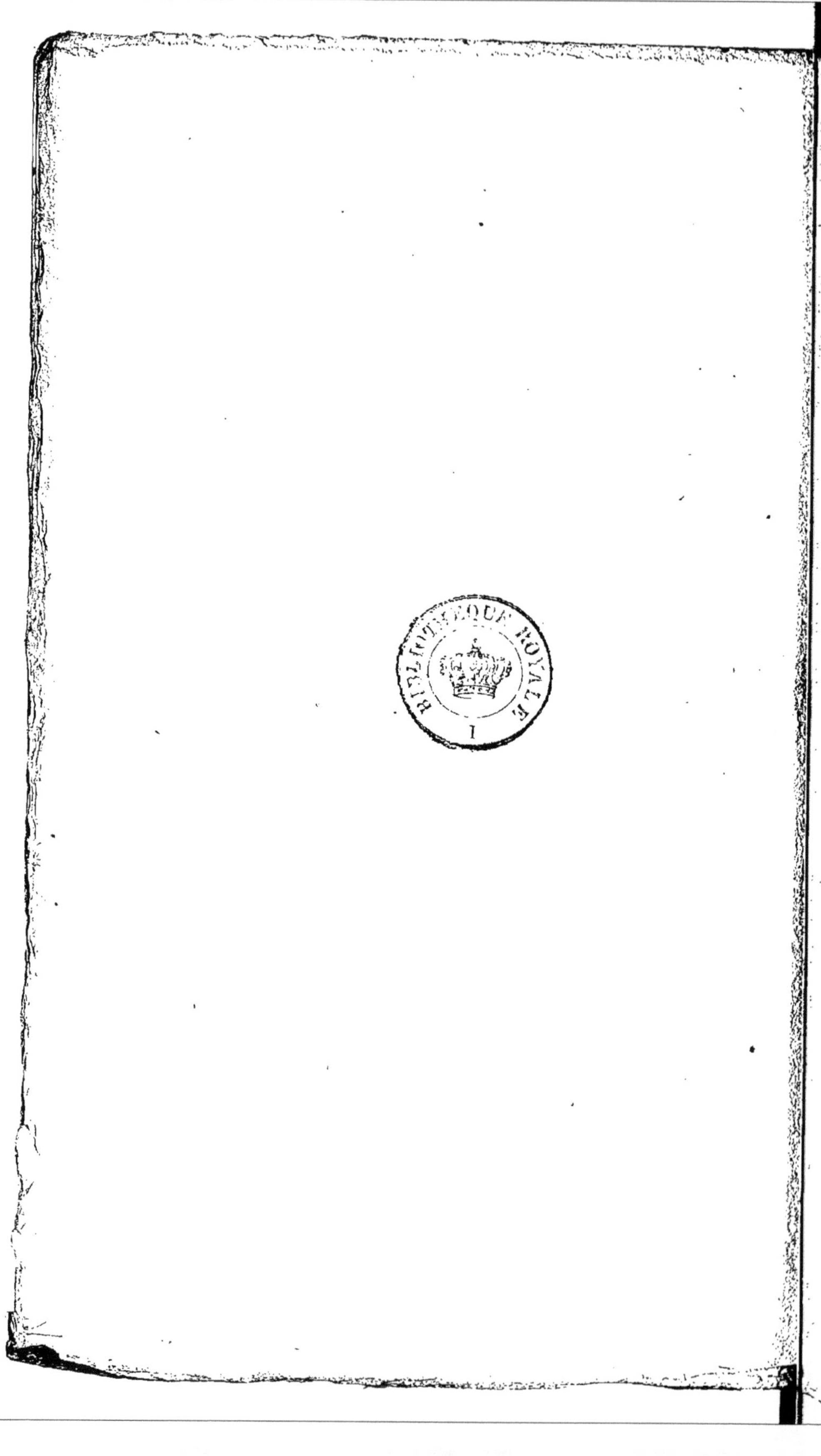

TABLE.

PRFMIÈRE PARTIE.

LEVÉE DES PLANS.

DEUXIÈME PARTIE.

TRAITÉ DU NIVELLEMENT.

TROISIÈME PARTIE.

DU DESSIN ET DU LAVIS DES PLANS.

QUATRIÈME PARTIE.

DE LA TRIGONOMÉTRIE RECTILIGNE.

FIN DE LA TABLE.

BIBLIOTHEQUE ROYALE

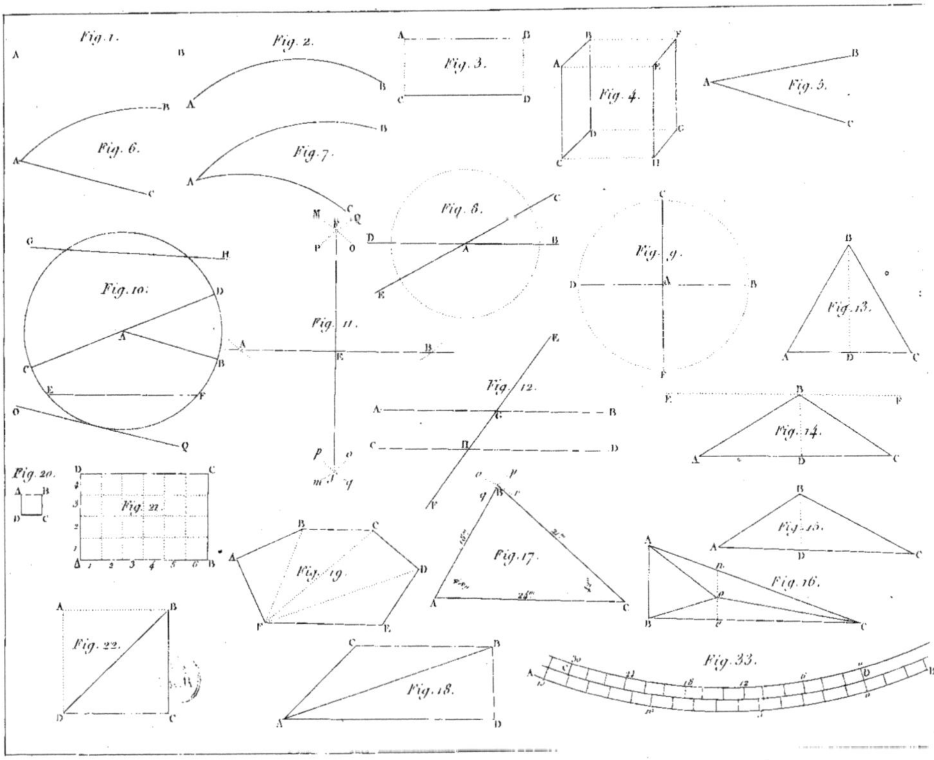

Fig. 1.

Fig. 2.

Fig. 3.

Fig. 4.

Fig. 5.

Fig. 6.

Fig. 7.

Fig. 8.

Fig. 9.

Fig. 10.

Fig. 11.

Fig. 12.

Fig. 13.

Fig. 14.

Fig. 15.

Fig. 16.

Fig. 17.

Fig. 18.

Fig. 19.

Fig. 20.

Fig. 21.

Fig. 22.

Fig. 33.

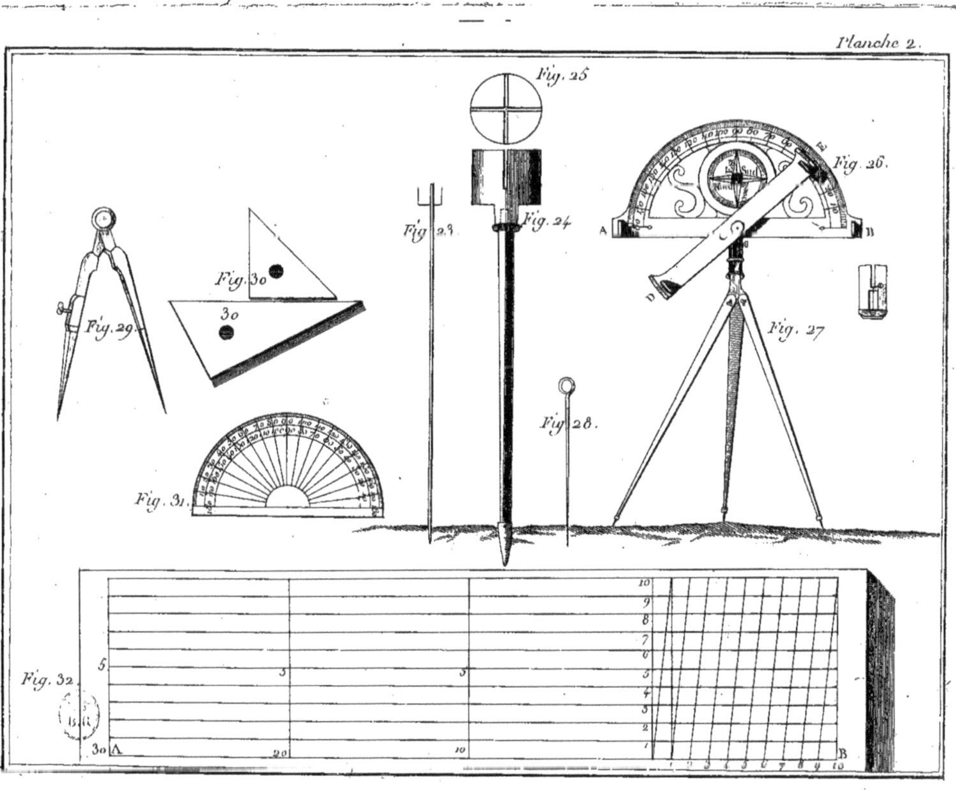
Planche 2.
Fig. 25
Fig. 26.
A
B
Fig. 23
Fig. 24
Fig. 30
30
Fig. 29.
Fig. 27
Fig. 28.
Fig. 31.
Fig. 32.
30 A
B

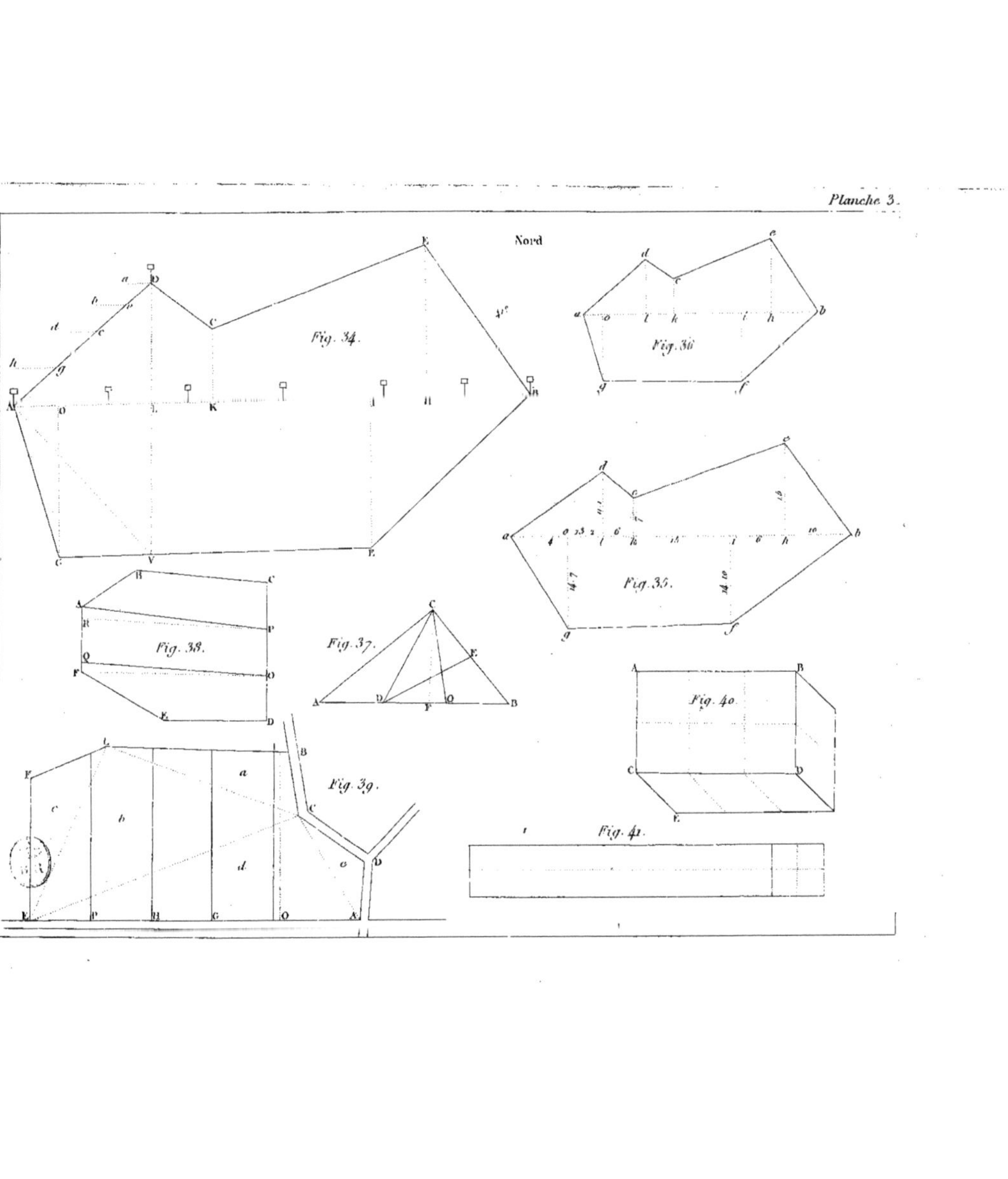
Planche 3.
Nord
Fig. 34.
Fig. 36
Fig. 35.
Fig. 38.
Fig. 37.
Fig. 40.
Fig. 39.
Fig. 41.

Planche 4

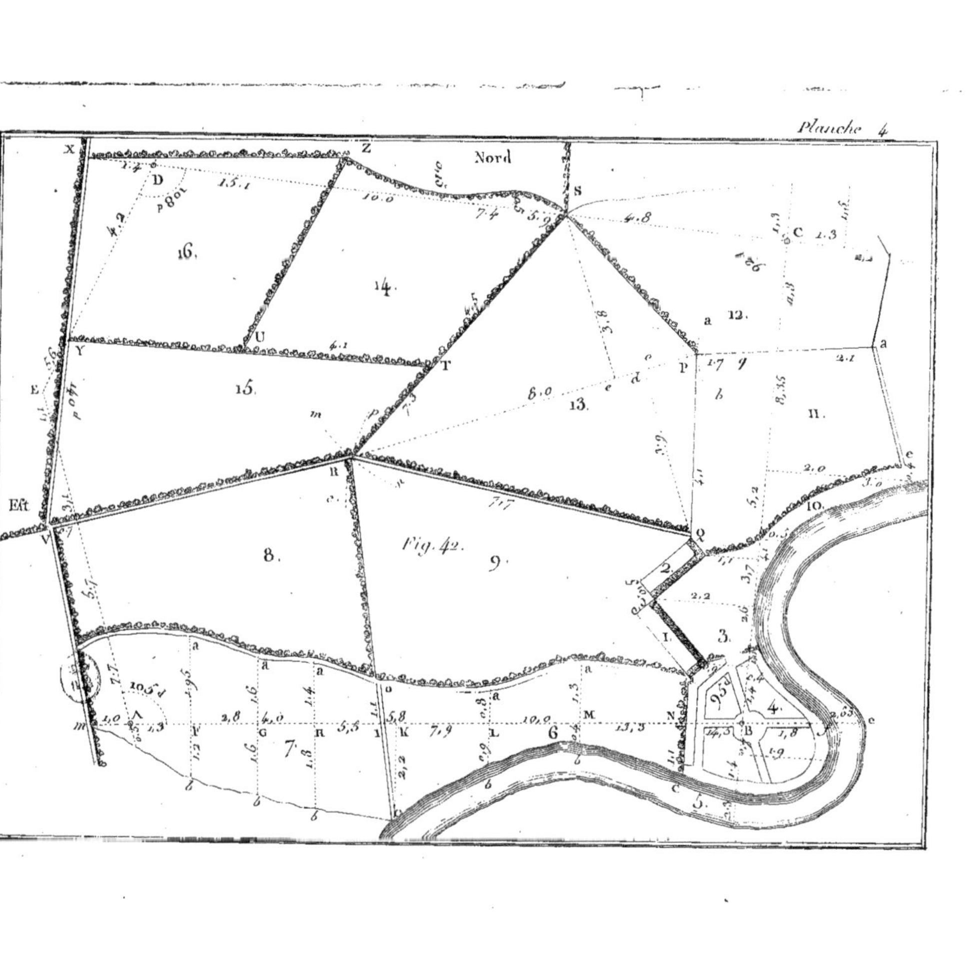

Planche 5

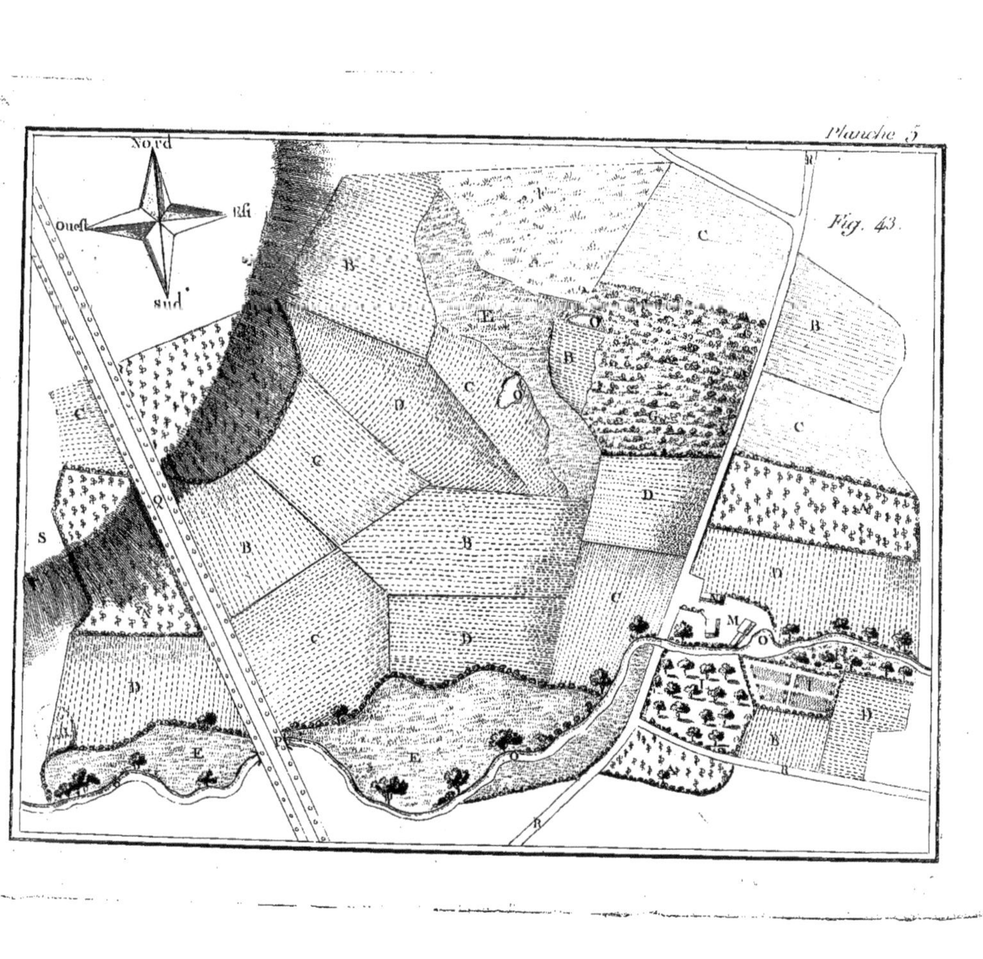

Planche 6.

Fig. 44.
Fig. 45.
Fig. 46.
Fig. 47.
Rue St. Martin
A
B
C
D
E
F
G
H
K
O
P
Q
R
S
T
U
V
X
Y

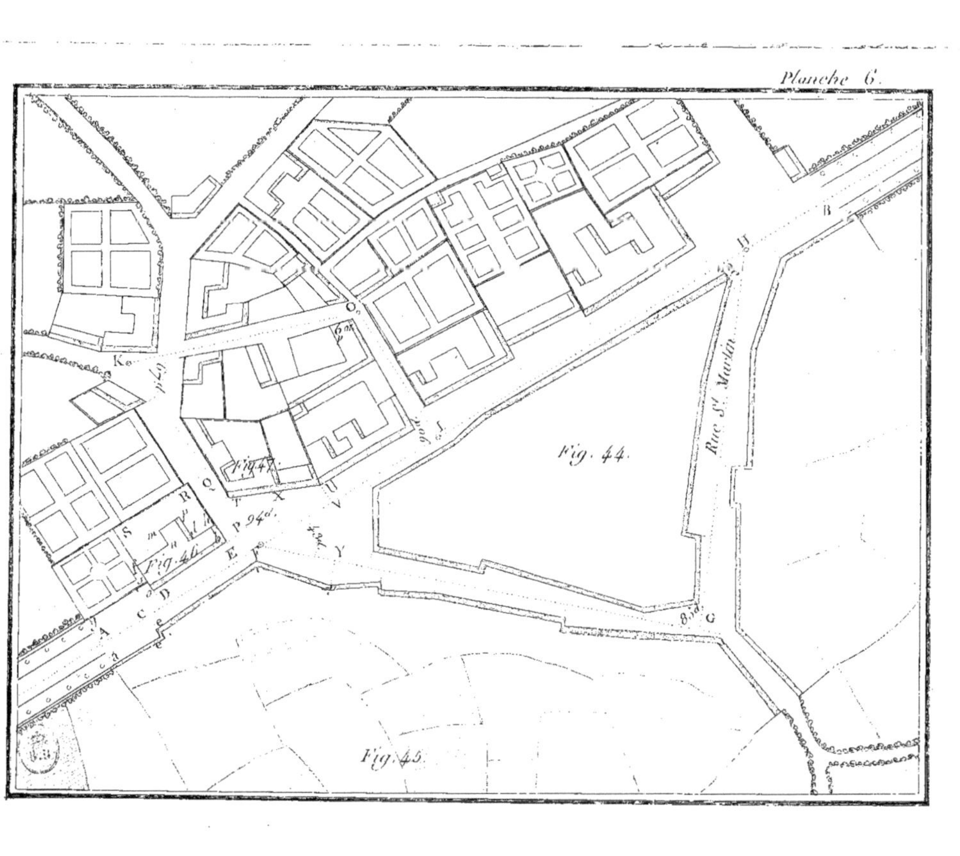

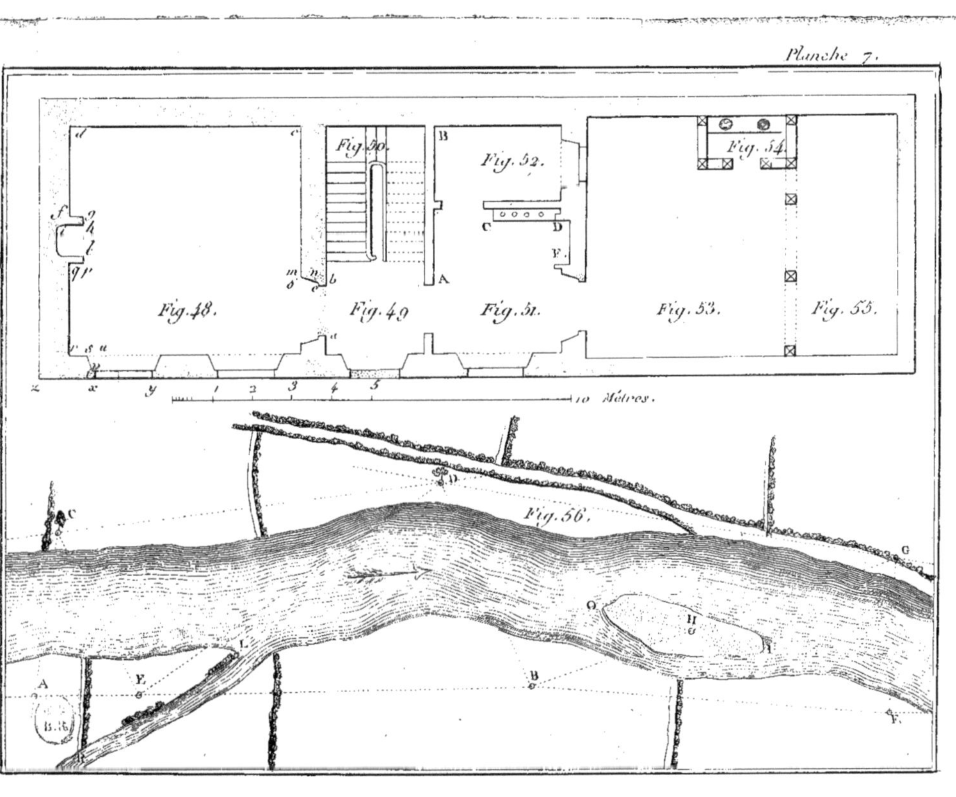
Fig. 48.
Fig. 49
Fig. 50.
Fig. 51.
Fig. 52.
Fig. 53.
Fig. 54.
Fig. 55.
Fig. 56.
10 Métres.

DE

OUR T

Nou
ondé
urer,
ENT
ous d
u *étre*
ittéra
nédeci
Un
ant d
l'acco
nous e
en vou
vous a
Nou
le rem
els q
nusiq
pressé
reaux

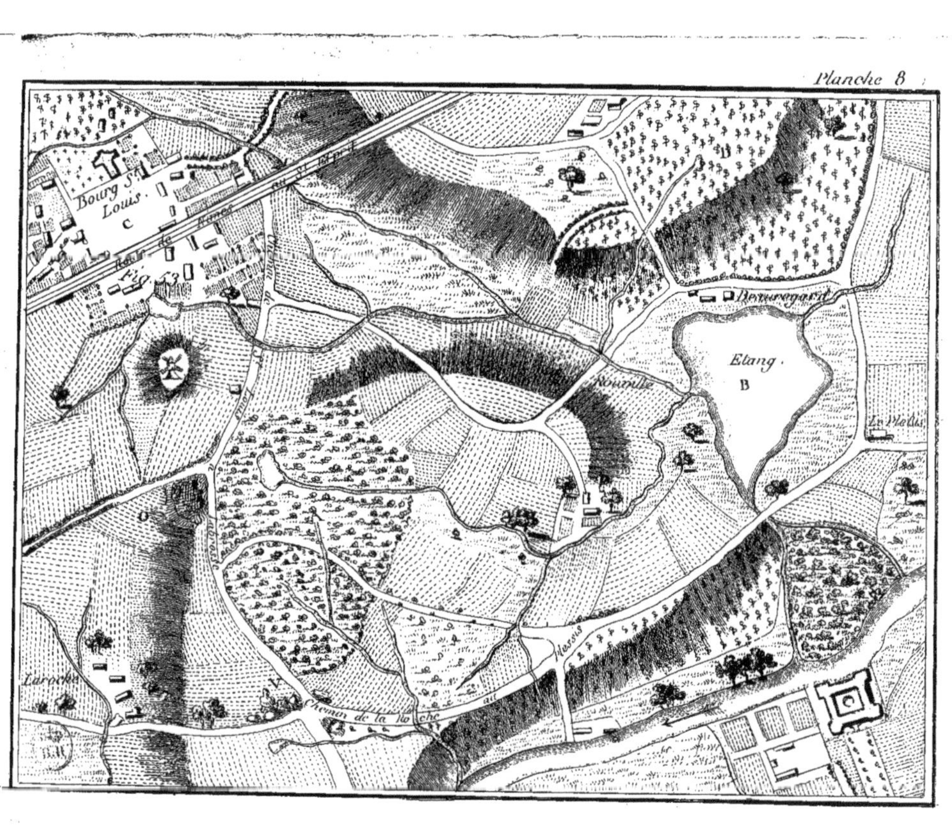
Planche 8
Bourg St.
Louis
C
Fig. 53
Beauregard
Etang
B
Chemin de la Roche

Fig. 57.

La Jouanne Riviere

Fig. 58.

Fig. 59.

Fig. 60.

Fig. 61.

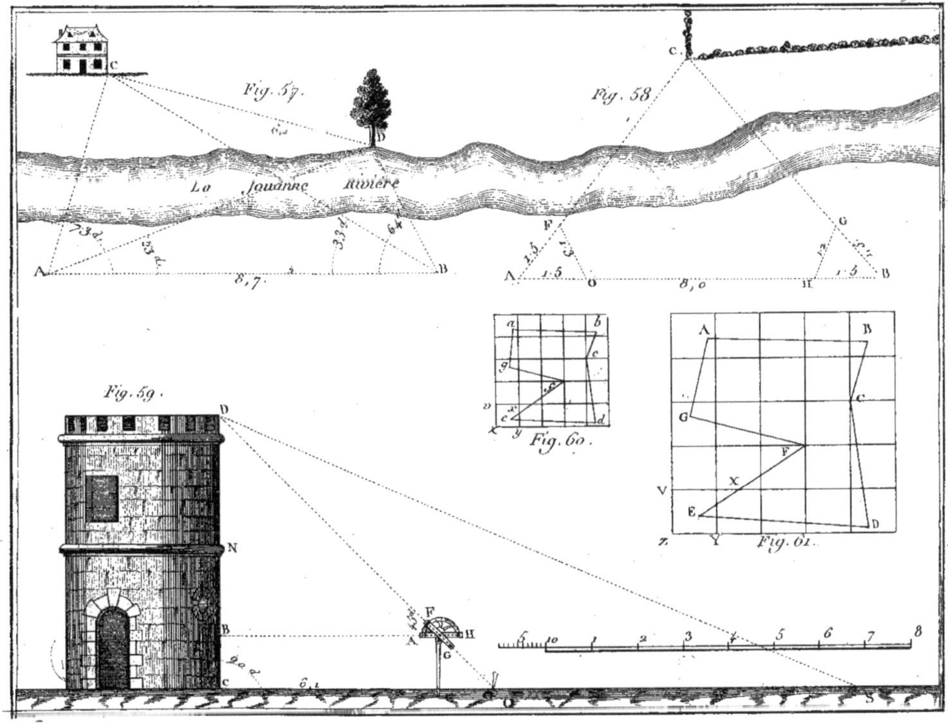

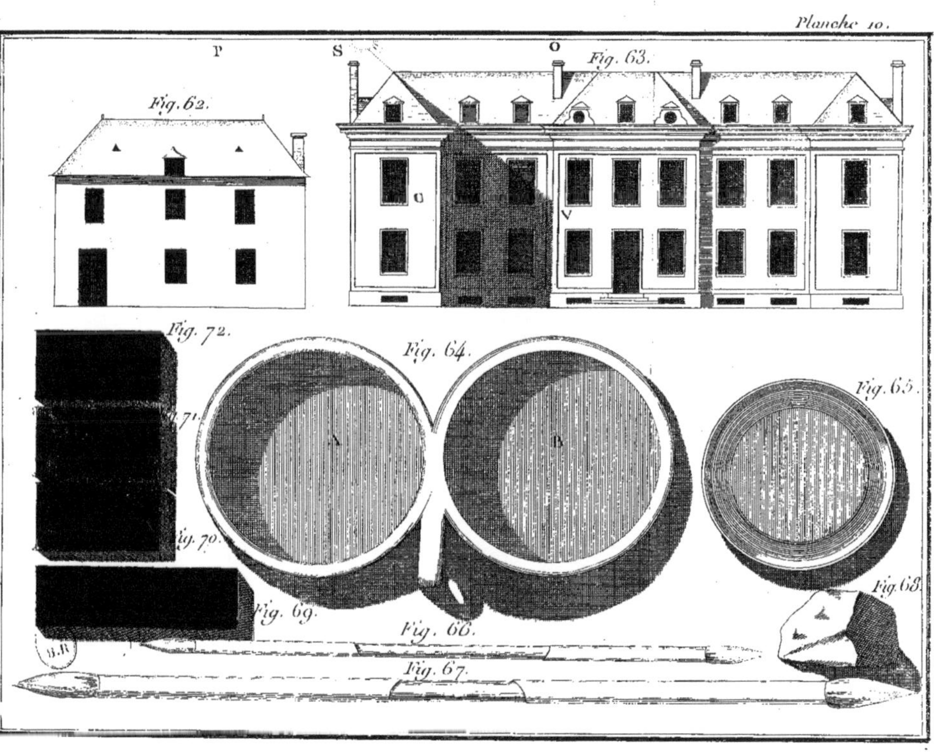
Planche 10.
P
S
O
Fig. 63.
Fig. 62.
C
V
Fig. 72.
Fig. 64.
A
B
Fig. 65.
Fig. 70.
Fig. 68.
Fig. 69.
Fig. 66.
Fig. 67.

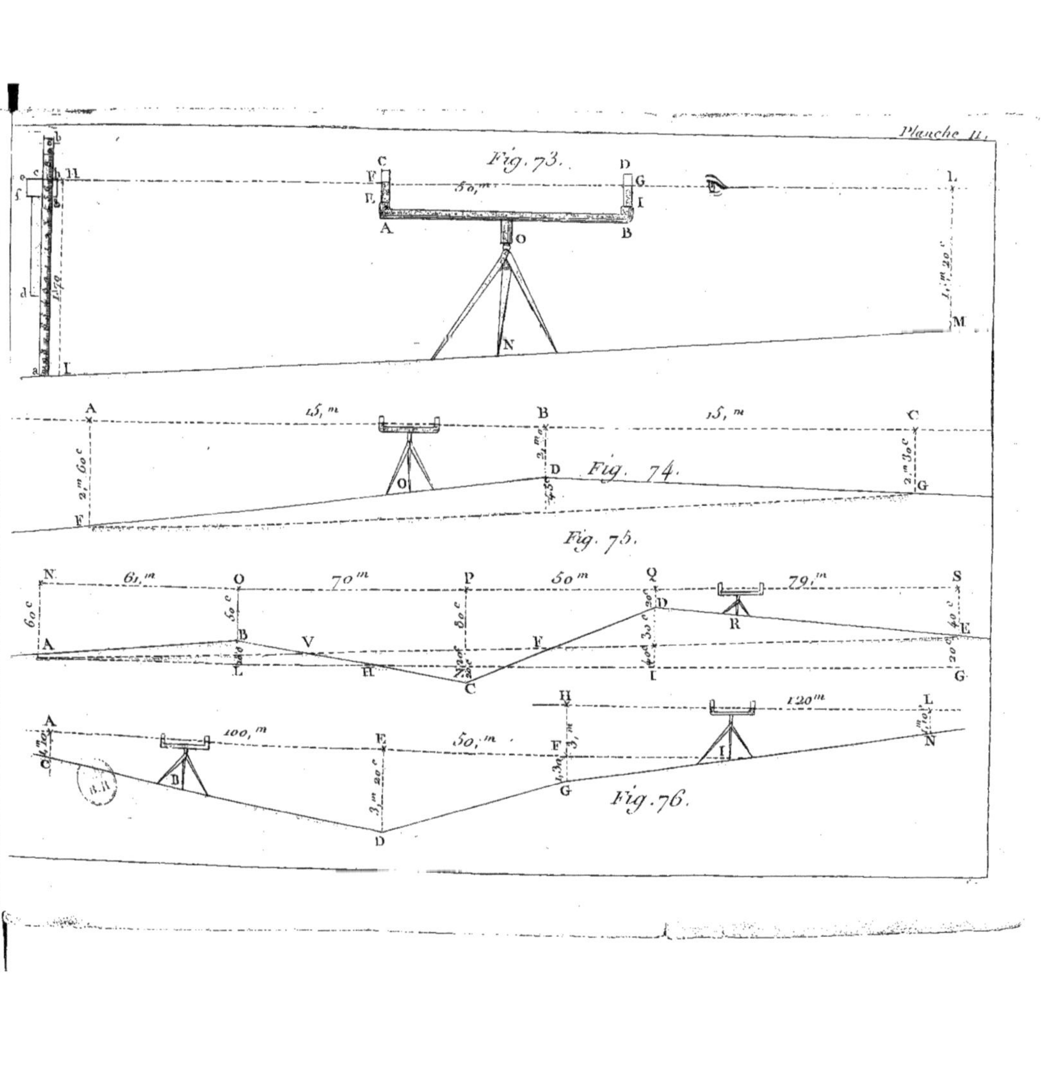
Planche II.
Fig. 73.
Fig. 74.
Fig. 75.
Fig. 76.

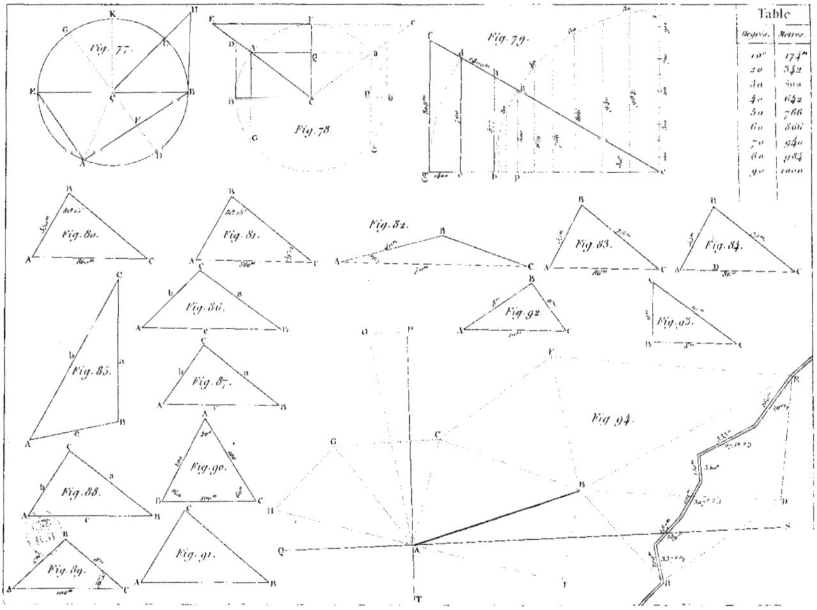

Table

Degrés.	Mètres.
10°	174^m
20	342
30	500
40	642
50	766
60	866
70	940
80	984
90	1000

Fig. 77. *Fig. 78.* *Fig. 79.* *Fig. 80.* *Fig. 81.* *Fig. 82.* *Fig. 83.* *Fig. 84.* *Fig. 85.* *Fig. 86.* *Fig. 87.* *Fig. 88.* *Fig. 89.* *Fig. 90.* *Fig. 91.* *Fig. 92.* *Fig. 93.* *Fig. 94.*

Fig. 95.

Fig. 96.

Fig. 97.

Fig. 98.

Fig. 99.

Fig. 100

Fig. 101.

Fig. 102.

Fig. 103.

Fig. 104.

Fig. 105.

Fig. 106.

Bois

Fig. 107.

Bois

Montagne

Fig. 108

Fig. 109.

Fig. 110.

Fig. 111.

Fig. 112.

Fig. 113.

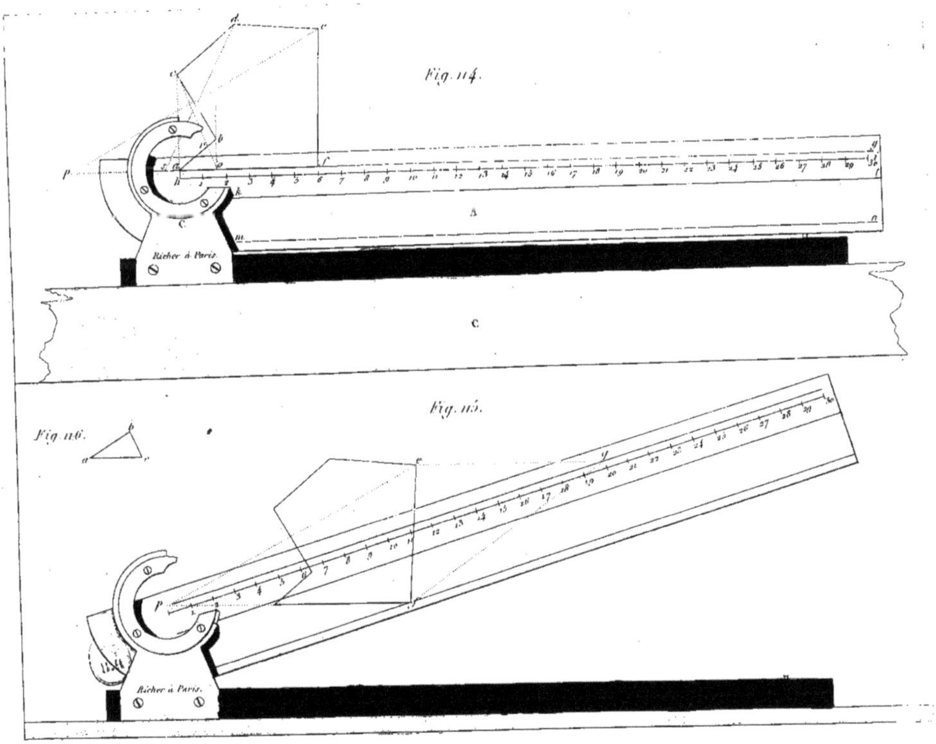

Fig. 114.

Richer à Paris.

Fig. 115.

Fig. 116.

Richer à Paris.

On trouve [illegible]

LECOY (E.), Manuel ou l'Art de [illegible] qui ve[illegible] vrage à l'usage des propriétaires, des [illegible] pagnes, où l'on trouve une méthode [illegible] portée de tout le monde, pour [illegible] tous les matériaux qui [illegible] Précis des lois et arrêtés [illegible] 4 planches, 2e édition, 1830. [illegible]

LECOY, Le Guide en Architecture, ouvrage [illegible] à la portée de tout le monde, utile à [illegible] cupent de bâtisses, tant ouvriers que [illegible] servir de Vignole, avec les chan[illegible] architectes modernes, orné de 40 [illegible] 1837. 1 vol. in-12.

LECOY, Tarif pour le [illegible] des bois [illegible] nouvelles et anciennes mesures, suivi d'un [illegible] des fers et de tables pour les superficies, [illegible]

MIRBEL (C.-F. Brisseau), Élémens de Physiologie [illegible] et de botanique, 3 vol. in-8, dont un [illegible] ches gravées avec le plus grand soin par [illegible] 1815.

BASTENAIRE-D'AUDENART, L'Art de fabriquer [illegible] che, recouverte d'un émail transparent [illegible] [illegible] suivi d'un Traité de la peinture [illegible] d'un Vocabulaire des mots techniques [illegible] [illegible] 1830.

BASTENAIRE-D'AUDENART, [illegible] communes usuelles, [illegible] les creusets, les carreaux, [illegible] réfractaires, etc. 1835. [illegible]

[illegible], Traité de [illegible] contenant [illegible] et [illegible] [illegible]